CONTRIBUIÇÃO PARA ESTRATÉGIAS IMAGINATIVAS NA UNIVERSIDADE

DIÁLOGOS COM MORIN E VIGOTSKI

Editora Appris Ltda.
1.ª Edição - Copyright© 2024 dos autores
Direitos de Edição Reservados à Editora Appris Ltda.

Nenhuma parte desta obra poderá ser utilizada indevidamente, sem estar de acordo com a Lei nº 9.610/98. Se incorreções forem encontradas, serão de exclusiva responsabilidade de seus organizadores. Foi realizado o Depósito Legal na Fundação Biblioteca Nacional, de acordo com as Leis nºs 10.994, de 14/12/2004, e 12.192, de 14/01/2010.

Catalogação na Fonte
Elaborado por: Josefina A. S. Guedes
Bibliotecária CRB 9/870

R744c
2024

Roldão, Flávia Diniz
    Contribuição para estratégias imaginativas na universidade: diálogos com Morin e Vigotski / Flávia Diniz Roldão. – 1. ed. – Curitiba: Appris, 2024.
    150 p. ; 21 cm. – (Educação, tecnologias e transdisciplinaridade).

    Inclui referências.
    ISBN 978-65-250-5650-0

    1. Educação – Filosofia. 2. Ensino superior. 3. Imaginação. 4. Pensamento. 5. Formação profissional. I. Título. II. Série.

                                                              CDD – 370.15

Livro de acordo com a normalização técnica da ABNT

Appris *editora*

Editora e Livraria Appris Ltda.
Av. Manoel Ribas, 2265 – Mercês
Curitiba/PR – CEP: 80810-002
Tel. (41) 3156 - 4731
www.editoraappris.com.br

Printed in Brazil
Impresso no Brasil

Flávia Diniz Roldão

CONTRIBUIÇÃO PARA ESTRATÉGIAS IMAGINATIVAS NA UNIVERSIDADE

DIÁLOGOS COM MORIN E VIGOTSKI

FICHA TÉCNICA

EDITORIAL	Augusto V. de A. Coelho
	Sara C. de Andrade Coelho
COMITÊ EDITORIAL	Marli Caetano
	Andréa Barbosa Gouveia - UFPR
	Edmeire C. Pereira - UFPR
	Iraneide da Silva - UFC
	Jacques de Lima Ferreira - UP
SUPERVISOR DA PRODUÇÃO	Renata Cristina Lopes Miccelli
ASSESSORIA EDITORIAL	Raquel Fuchs
REVISÃO	Monalisa Morais Gobetti
PRODUÇÃO EDITORIAL	Bruna Holmen
DIAGRAMAÇÃO	Yaidiris Torres
CAPA	Lívia Costa

COMITÊ CIENTÍFICO DA COLEÇÃO EDUCAÇÃO, TECNOLOGIAS E TRANSDISCIPLINARIDADE

DIREÇÃO CIENTÍFICA
Dr.ª Marilda A. Behrens (PUCPR)
Dr.ª Patrícia L. Torres (PUCPR)

CONSULTORES
- Dr.ª Ademilde Silveira Sartori (Udesc)
- Dr. Ángel H. Facundo (Univ. Externado de Colômbia)
- Dr.ª Ariana Maria de Almeida Matos Cosme (Universidade do Porto/Portugal)
- Dr. Artieres Estevão Romeiro (Universidade Técnica Particular de Loja-Equador)
- Dr. Bento Duarte da Silva (Universidade do Minho/Portugal)
- Dr. Claudio Rama (Univ. de la Empresa-Uruguai)
- Dr.ª Cristiane de Oliveira Busato Smith (Arizona State University /EUA)
- Dr.ª Dulce Márcia Cruz (Ufsc)
- Dr.ª Edméa Santos (Uerj)
- Dr.ª Eliane Schlemmer (Unisinos)
- Dr.ª Ercilia Maria Angeli Teixeira de Paula (UEM)
- Dr.ª Evelise Maria Labatut Portilho (PUCPR)
- Dr.ª Evelyn de Almeida Orlando (PUCPR)
- Dr. Francisco Antonio Pereira Fialho (Ufsc)
- Dr.ª Fabiane Oliveira (PUCPR)
- Dr.ª Iara Cordeiro de Melo Franco (PUC Minas)
- Dr. João Augusto Mattar Neto (PUC-SP)
- Dr. José Manuel Moran Costas (Universidade Anhembi Morumbi)
- Dr.ª Lúcia Amante (Univ. Aberta-Portugal)
- Dr.ª Lucia Maria Martins Giraffa (PUCRS)
- Dr. Marco Antonio da Silva (Uerj)
- Dr.ª Maria Altina da Silva Ramos (Universidade do Minho-Portugal)
- Dr.ª Maria Joana Mader Joaquim (HC-UFPR)
- Dr. Reginaldo Rodrigues da Costa (PUCPR)
- Dr. Ricardo Antunes de Sá (UFPR)
- Dr.ª Romilda Teodora Ens (PUCPR)
- Dr. Rui Trindade (Univ. do Porto-Portugal)
- Dr.ª Sonia Ana Charchut Leszczynski (UTFPR)
- Dr.ª Vani Moreira Kenski (USP)

Aos meus filhos, que são a minha máxima poesia!
Aos meus pais, meus grandes incentivadores!
A Deus, que lindamente sempre me bifurca e surpreende!

CARTA DE GRATIDÃO

Curitiba, 09 de outubro de 2023.

> *Lembrar dos amigos. Recordar um por um.*
> *[...]*
> *Como estão longe, meu Deus! Um aqui. Outro lá, tão distantes...*
> *Que fez deste o destino? E daquele?*
> *Quase vai se esquecendo do rosto de um... Tanto tempo!*
> *Ter vontade de escrever para todos os amigos.*
> *Ter vontade de lhes contar a vida até o momento presente.*
> *Pensar em encontrá-los de novo. Pensar em reuni-los em torno de uma mesa,*
> *Uma mesa qualquer, em um lugar que a gente ainda não escolheu.*
> *Conversar com todos eles. Rir, cantar, recordar os dias idos.*
>
> *(Manoel de Barros)*

GRATIDÃO AOS AMIGOS-MESTRES DE TRAVESSIA!

Se tem uma coisa que tenho aprendido em minha trajetória de vida, é a agradecer. Não há absolutamente nenhuma construção de conhecimentos científicos que façamos sozinhos. Fazer ciência é um empreendimento coletivo, colaborativo. E coisa boa é ter a quem poder dizer obrigada! Obrigada pelo apoio, pela mão estendida, pela presença. Obrigada por você(s) na minha história!

Não há obra científica que possa ser construída na solidão. Por trás de toda pesquisa, e posteriormente o relatório ou o livro que torna materializada a sua narrativa, há na teia complexa de diálogos, relacionamentos e reflexões compartilhadas que deram origem àquela obra. É a contribuição evidente ou sútil, tangível ou intangível, de muitas e muitas pessoas que encontramos na caminhada e que dividiram conosco suas ideias, dúvidas, valores, filosofias, imagens, elocubrações, emoções.

Quando em 2021 escrevi minha carta de gratidão para a tese que deu origem a este livro, percebi ao final, que mesmo colocando muita atenção na escrita, terminei deixando sem querer, amigos-mestres de travessia do doutorado, amigos estes que me foram muito importantes, mas ficaram fora da carta na hora de nomear cada um que comigo veio a somar. É que são tantas as trocas realizadas, que sempre acaba escapando uma colaboração *preciosa*, quando nos colocamos a nomear. Dessa vez escolhi não o fazer, mas estender meu coração grato para acolher a todos e todas que de alguma maneira deram as suas contribuições para que a travessia fosse realizada e a passagem de mestre a doutora fosse concluída. A elas e eles, chamo minhas amigas e meus amigos-mestres, pois com eles aprendi, agreguei saberes, culturas, afetos, experiências. Me transformei!

A todos e todas vocês, meu muito obrigada! Meu desejo de amizade e continuidade de partilhas!

CARTA DE GRATIDÃO
Curitiba, 21 de junho de 2021.

*Até alguém já chegou de me ver passar
a mão nos cabelos de Deus!
Eu só queria agradecer
(Manoel de Barros, 2010)*

*Quando acabou de ler a carta, Franz Kafka pensou
como, de repente, o resultado parecia efêmero,
comparado às muitas horas investidas naquela simples redação
(Jordi Sierra i Fabra)*

Chegou a hora de expressar gratidão!

Agradeço a Deus por chegar ao final desta pesquisa.

Sou grata pela saúde e preservação da vida, visto que, o contexto mundial no qual a pesquisa foi desenvolvida foi o do enfrentamento de uma pandemia que incisivamente acentua a policrise na qual estamos mergulhados na contemporaneidade. Tenho aprendido com meus amigos e amigas *da complexidade* que não se faz ciência sozinha.

Agradeço à vida e **aos meus pais**, por insuflarem em mim um espírito imaginativo, poético e guerreiro.

À **Thaís**, e outros integrantes do Centro de Assessoria de Publicação Acadêmica (**CAPA**) da Universidade Federal do Paraná que, por meio de suas atividades, possibilitaram-me uma interlocução, reflexões e orientações fundamentais, que me possibilitaram conquistar um desenvolvimento na escrita. Sem essa troca, este trabalho jamais teria alcançado a finalização à qual cheguei.

Aos professores, que são muitos, e aos quais eu preciso agradecer por sua passagem pela minha vida. Vou iniciar o agradecimento a eles, começando pelos meus orientadores.

Obrigada aos meus orientadores, Prof.ª Dr.ª **Denise de Camargo** e Prof. Dr. **Ricardo Antunes de Sá**, que deixaram a sua marca na minha formação acadêmica, cada um ao seu próprio modo e medida. Denise me ensinou o valor do respeito à alteridade, ao direito de fazer escolhas e assim desenvolver autonomia, e me apontou a possibilidade de colocar a beleza no cotidiano das relações professora-aluna. Poder aprender a exercer autonomia e assumir responsabilidades foi um presente que eu ganhei da Denise. Como escreveu e indagou Prigogine (2009, p. 38): "[...] a maioria das pessoas consagra boa parte do seu tempo a coisas que não as interessam. Quantas delas tiveram a oportunidade de expressar e realizar seus talentos?" Eu posso responder que, pela generosidade e alteridade de Denise, tive a oportunidade tanto de fazer algo que queria, quanto encontrei brechas para expressão de minhas possibilidades imaginativas no fazer científico. Ricardo me chamou de volta ao valor da espiritualidade, da humildade, do amor, da ética, do valor da escuta, da imensa paciência nas relações professor-aluna, da experiência estética advinda da fruição musical e da amizade. A convivência com ele me levou a muitas reflexões. Ter um coorientador foi um presente "presente" na minha caminhada! A convivência com Denise e Ricardo me fez repensar minha própria prática docente em muitos e diferentes aspectos.

Agradeço aos professores que participaram da minha banca de qualificação e defesa, pesquisadores que eu tanto admiro, a saber, Dr.ª **Maria da Conceição Xavier de Almeida**, Dr.ª **Yara Lúcia M. Bulgacov**, Dr. **Milton C. Mariotti**, Dr.ª **Araci Asinelli da Luz** e Dr. **Cloves Amorim**. Vocês se fizeram presente nesse momento, ritual de passagem, com múltiplos significados na minha vida como pesquisadora.

Yara me acompanhou por alguns anos na pós-graduação e no mestrado. Com ela eu dei meus primeiros passos como pesquisadora, aprendi a enfrentar desafios na vida acadêmica, a confiar na minha possibilidade de escrita. Hoje eu sinto que o nosso querer bem é mais forte do que qualquer diferença epistemológica.

Maria da Conceição de Almeida (**Ceiça**), por meio de seus escritos, ensina-me a dar passos para a construção de uma narrativa científica imaginativa, mestiça, tecida com finos fios de maneira tramada e delicada, à maneira das filigranas. Inspira-me a uma prática científica *bricoler*, vivaz e politicamente comprometida, primando pela construção de uma autoria criativa e sensível. Aprendi com ela a tessitura de um "método vivo" (CONCEIÇÃO DE ALMEIDA, 2012, p. 113), potente em articular objetividade e sensibilidade.

Milton Mariotti me estimula, como docente imaginativo que é, a exercitar a minha criatividade na docência e o compromisso com o outro humano com o qual nos dispomos a desenvolver um trabalho sério e lúdico ao mesmo tempo.

Com **Araci Asinelli**, aprendo a intensidade da fala conjugada com a expressão do afeto e a ousadia na busca pelo constante desenvolvimento de argumentações mais consistentes que me possibilitem sobreviver no mundo acadêmico.

Cloves Amorim me instiga ao exercício da doçura e da astúcia da fala bem colocada e a beleza de uma aula que mobiliza.

A todos vocês, professores que fazem parte da construção do meu imaginário docente e me estimulam a continuar o meu desenvolvimento, na parceria e na amizade, minha gratidão!

Agradeço aos **amigos** e **amigas** do Grupo de Estudos e Pesquisa Pedagogia, Educação e Complexidade (GEPEPECOE), aos do GRECOM e aos da linha de pesquisa em Cognição, Aprendizagem e Desenvolvimento Humano. Vocês foram todas e todos MUITO importantes na travessia. Que as amizades permaneçam!

Agradeço aos seguintes professores de outros Programas de Pós-Graduação que, durante o tempo de pandemia, ofertaram disciplinas a distância e me possibilitaram cursá-las, agregando conhecimentos especiais ao meu processo de formação durante o doutorado: Prof. Dr. **Gabriel Kafure da Rocha**, da Universidade Estadual do Ceará (UECE), que em 2021 me abriu a possibilidade de cursar com ele a disciplina "Ética na ciência e na imaginação a partir de Gaston Bachelard"; Prof.ª Dr.ª **Cintya Regina Ribeiro** (USP), que em 2020 ministrou a disciplina "Pensamento, Cultura e Educação: uma perspectiva deleuziana"; Prof.ª Dr.ª **Maria da Conceição Xavier de Almeida** — a querida Ceiça — da Universidade Federal do Rio Grande do Norte (UFRN), que me permitiu cursar no primeiro semestre de 2021 algumas aulas ministradas por ela sobre "Filosofia das Ciências" e, no segundo bimestre do mesmo ano, acolheu-me na disciplina "As ciências da complexidade e a religação do pensamento – Ateliê do Pensamento" — disciplinas absolutamente fundamentais em meu processo formador de pesquisadora no doutorado; Prof. Dr. **Igor Vinícius Lima Valentim** da Universidade Federal Fluminense e da Universidade Federal do Rio de Janeiro, que entre o último semestre de 2021 e primeiro semestre de 2022 ministrou a disciplina "Pesquisas Narrativas: autoetnografia, cartografia e *covert research*", acolhendo-me como aluna.

Agradeço à **Cremilda Medina**, com quem pude por meio de uma Oficina livre, cursada paralelamente durante o período de doutorado, exercitar a alegria da escrita com leveza e ao mesmo tempo obter vários novos aprendizados, desaguando em uma participação no livro por ela organizado sob o título *Memórias Lúdicas: ABCedário de autores e suas histórias* (MEDINA, 2022).

Agradeço ainda à minha ex-aluna **Talita**, hoje minha amiga, meu amigo **Vitorino** e minha amiga **Arthemisa**, por serem inspiração para mim através de sua amizade.

Meu muito obrigada à Prof.ª Dr.ª **Izabel Petráglia**, por ter aceito participar de minha banca de defesa com tanto acolhimento. A você, minha mais sincera gratidão e meu carinho!

Escreveu o poeta Vinícius de Moraes: "A vida só se dá para quem se deu". Vocês se deram um pouquinho para mim, para a minha construção enquanto pesquisadora, docente e enquanto pessoa. Então, que a vida vos retorne de volta e com entusiasmo esse precioso tempo, para continuarem a deixar suas boas marcas naqueles que em seu caminho de aprendizagem cruzarem.

Saúdo-vos com o desejo de poesia, imaginação e experiências estéticas mobilizadoras! Saúdo-vos com o desejo de laço de amizade profícua! Ficou, em mim... um pouquinho de vocês, a partir do nosso 'Encontro' nessa caminhada! Pois, como lindamente professou a raposa do Pequeno Príncipe (SAINT-EXUPÉRY, 2016, p. 74): "Não passava de uma raposa igual a cem mil outras raposas. Mas fiz dela minha amiga, e agora ela é única no mundo!".

Quanto a mim... do lugar de meu cinquentenário comemorado durante à escrita desta tese, bailo ao som de *Bandolins* (música de Oswaldo Montenegro de 1979). Aqui, metaforicamente os meus próprios "bandolins" que me colocaram a dançar, uma dança repleta de alegria, foram: os livros lidos nesse percurso; os afetos recebidos em forma de trocas intelectuais; e as brechas sofridamente construídas para escapar de uma ciência que se imagine asséptica e que funciona como "gaiolas epistemológicas" (D'AMBRÓSIO, 2014, p. 160), assumindo a mestiçagem, o hibridismo, a bricolagem, como um caminho ou o meu caminho:

"[...] como se não fosse um tempo

em que já fosse impróprio se dançar assim

ela teimou e enfrentou o mundo

se rodopiando ao som dos bandolins".

PREFÁCIO

Curitiba, 27 de março de 2023.

Temos a satisfação de apresentar a obra *Diálogos com Morin e Vigotski: contribuições para estratégias imaginativas na universidade* da professora Flávia Diniz Roldão, que é fruto de sua investigação em nível de doutorado em Educação no Programa de Pós-Graduação em Educação da Universidade Federal do Paraná. Seu escrito é permeado de uma profunda necessidade em construir uma compreensão dialógica sobre as contribuições de Edgar Morin e Lev Seminovitch Vigotski em relação à temática da imaginação com vistas a tecer estratégias imaginativas para a formação de professores na universidade. Flávia realizou uma espécie de "cartografia" de algumas obras selecionadas de Edgar Morin e Lev Seminovitch Vigotski.

O estudo empreendido entre 2018 e 2022 se inscreve em uma investigação bibliográfica e qualitativa, tomando como referencial teórico e metodológico os pressupostos teóricos do Pensamento Complexo. Ao longo da trama da escrita foram explorados diferentes gêneros de narrativa, a saber: diário, cartas, entrevista, poesia e prosa, enquanto narrativas que enlaçam arte, ciência e ficção.

O diálogo epistemológico entre Edgar Morin e Lev Seminovitch Vigotski procurou eligir a imaginação enquanto base ontológica para a construção do conhecimento e suas contribuições para tecer estratégias imaginativas para a formação universitária de educadores.

A seleção criteriosa das obras de Morin e Vigotski e, posterior, diálogo (a partir daí estabelecido com suas ideias sobre imaginação), pode contribuir com estratégias imaginativas para formação universitária de educadores. A investigação considera que os espaços educativos hospedam diferenças e se abrem a contágios, atravessamentos, mestiçagens e bricolagens, longe dos abafamentos dos dogmas da assepsia. São lugares propícios a invenções e ao exercício imaginativo.

A pesquisadora procurou ousar na trama do escrito acadêmico, buscando intencionalmente afastar-se da concepção "tradicional" de construção do conhecimento científico, onde há pouco lugar para integrar recursos imaginativos, elabora uma narrativa científica que almeja incorporar de forma coerente, clara e objetiva a subjetividade do pesquisador como participante de seu processo construtivo do conhecimento.

A investigação apresenta uma configuração que reflete a inquietação intelectual da pesquisadora que, ao longo da pesquisa, indaga de que forma poderia trazer a lume uma temática tão complexa quanto à questão da imaginação, a partir de uma "cartografia bibliográfica" de autores que operam na ciência, a partir de ontologias, epistemologias, metodologias e axiologias diferentes. Procura utilizar-se de diferentes linguagens no texto e do emprego de diversos gêneros textuais narrativos com a intenção de buscar uma compreensão mais complexa e uma expressão múltipla dos conhecimentos, a saber: prosa, poesia, trechos de músicas, cartas, diários e entrevista na sua narrativa.

Flávia argumenta na sua obra que Morin e Vigotski têm contribuído para alumiar o caminho da educação e de vários educadores — dentre eles, ela mesma. Afirma que seu estudo buscou dialogar com os autores, a partir de uma perspectiva crítico-reflexiva e dialógica. O que indica que ideias-chave distintas, embora não possam ser abrigadas num quadro teórico comum, podem iluminar reflexões com relação às diferentes dimensões pertinentes e constituintes da realidade, assim como tornar mais "complexas" as compreensões sobre determinados fenômenos humanos, físicos ou naturais.

A obra aborda no primeiro momento os fragmentos da vida e obra de Vigotski e Edgar Morin. Procura apresentar um panorama introdutório de quem são os autores estudados e constructos teórico-conceituais do pensamento desses autores com vistas à construção de um pano de fundo para o diálogo posterior sobre o tema da imaginação no segundo momento, por meio da estratégia de cartas acadêmicas. O diálogo é construído de maneira indireta, usando o artifício narrativo de uma escrita híbrida que explora uma tessitura que entretece fatos e ficção de maneiras diversas (passando pela construção das personagens e seus nomes, nos quais mescla fatos reais a fictícios quanto às experiências vividas e narradas da autora).

A pesquisadora explora o acoplamento de diferentes gêneros narrativos exercitados na construção da narrativa principal, tal como a poesia e o diário, integrados na narrativa mais ampla, que se apresenta próxima ao estilo de uma crônica numa aventura intelectual que busca intencionalmente entrelaçar ciência e literatura.

Ao longo do primeiro e do segundo momentos do texto, observamos que a autora vai dialogando com as ideias dos autores enquanto busca construir, já na própria feitura do relato da pesquisa, estratégias narrativas imaginativas exploratórias na prática da escrita acadêmica universitária, com a intenção de gerar estranhamentos e reflexões críticas a respeito da temática da imaginação.

No segundo momento a autora adota uma estratégia na construção do conhecimento por meio da redação de cartas. Nesse momento compõe um texto narrativo único no qual redige uma carta a cada um deles. A estratégia da carta na tessitura do diálogo com as ideias de ambos os autores foi a materialização concreta de uma estratégia imaginativa que a autora propõe e que poderia ser explorada também e de diferentes formas e momentos na formação universitária dos educadores. Desse momento da obra em diante, o estudo assume explicitamente um tom autobiográfico. No final, a autora explora a estratégia da autoentrevista, redigida de modo semelhante a um *making of* das produções cinematográficas (que mostra o processo de produção ou criação cinematográfica) e os pós-créditos (que podem dar pistas de uma possível continuidade da produção).

O texto é fruto de um árduo trabalho de investigação teórica-bibliográfica ao longo de quatro anos, no qual a pesquisadora mergulhou nos constructos teórico-metodológicos de dois grandes autores, ousando estabelecer um diálogo possível e pertinente sobre a categoria da imaginação, a partir de um detalhado e minucioso percurso investigativo científico, poético, criativo e imaginativo.

Prof. Dr. Ricardo Antunes de Sá
Pós-doutor em Educação
Professor da Universidade Federal do Paraná

Fica o desafio de que fazer ciência não nos deserte, mas nos faça florescer, e sobretudo, faça avançar a ciência com ética e consciência, sensibilidade e sabedoria. Que abra portas ao invés de enclausurar. Que traga novas perguntas e algumas respostas para os reais desafios contemporâneos.

(Flávia Diniz Roldão)

LISTA DE ABREVIATURAS E SIGLAS

CAPA – Centro de Assessoria de Publicação Acadêmica
GRECOM – Grupo de Estudos da Complexidade
UECE – Universidade Estadual do Ceará
UERJ – Universidade Estadual do Rio de Janeiro
UFF – Universidade Federal Fluminense
UFPR – Universidade Federal do Paraná
UFRN – Universidade Federal do Rio Grande do Norte
USP – Universidade de São Paulo

SUMÁRIO

CARTA INTRODUTÓRIA: ABRINDO A CAMINHADA.. 17

VIGOTSKI E MORIN: FRAGMENTOS DE VIDA E OBRA 33
VIGOTSKI..37
EDGAR MORIN...61

IMAGINAÇÃO: UM DIÁLOGO COM VIGOTSKI E MORIN POR MEIO DE CARTAS-ACADÊMICAS..83
CARTA A EDGAR MORIN 89
CARTA A VIGOTSKI...105

TESSITURAS DA PESQUISA:
CONSIDERAÇÕES DA CAMINHADA INVESTIGATIVA **115**

REFERÊNCIAS...135

CARTA INTRODUTÓRIA: ABRINDO A CAMINHADA...

Nada muda, se nada mudar.
É preciso conquistar modos outros de pensar e construir conhecimentos
Aprender a bifurcar.
Explorar novos territórios, combinar novos elementos, experienciar novas tramas nas tessituras do saber
(Flávia Diniz Roldão)

ESTIMADO LEITOR,

Este texto que você tem em mãos é fruto de minha tese de doutorado, que tendo passado por uma revisão e algumas alterações, agora é publicada na forma de livro. O humus que fertiliza o terreno deste estudo e faz brotar as reflexões que aqui se encontram é meu imaginário mestiço e forma de ver o mundo e nele me posicionar, atravessados pelo diálogo com a obra de dois intelectuais que influenciam atualmente o imaginário da educação no Brasil: o russo Lev Semionovitch Vigotski e o francês Edgar Morin. É no "entre" desse contágio, espaço frutífero de possibilidades criativas produzidas pelo diálogo, a partir de minha *experiência de leitura* de alguns textos desses autores, que a tese é gestada:

No início era a mestiçagem!

Ela sempre esteve lá!

Lá onde o pensamento e a imaginação se imbricam

pra convidar algo novo a brotar!

O tema do estudo é a *imaginação*. A tese central pode ser assim enunciada: é possível, por meio da *experiência* (de visitação de algumas das obras de Vigotski e Morin) e do *diálogo* (a partir daí estabelecido com suas ideias sobre o tema em questão), contribuir com estratégias imaginativas na formação universitária.

Conjecturo que as narrativas (STENGERS, 2015) tecidas aqui, e sobretudo a forma como elas são erigidas, poderão produzir afetação, mobilizar reflexões e, no diálogo com o leitor, quiçá possam gerar também deslocamentos. Partindo do contato com algumas obras dos autores (especialmente as que abordam o tema da imaginação), busquei me deixar contagiar para poder a partir daí perceber quais estratégias imaginativas poderiam advir como contribuição para a educação universitária. Na apreciação do estudo, está tudo bem se o leitor vier a estranhar algumas mestiçagens intencionais que acontecem no processo da pesquisa.

A educação universitária foi tomada aqui menos como um objeto de pesquisa (sobre o qual muitos estudos já foram e estão sendo desenvolvidos) e mais como inspiração para a reflexão e como instituição social de fomento para a criação de práticas imaginativas que possam contagiar o fazer docente e discente. Quando abordo aqui a educação universitária, tenho em mente sobretudo a formação de educadores em geral — mas, especialmente, de pedagogos e psicólogos, minha área de atuação. Em concordância com Almeida e França (2020a), justifico que, sob a "ofuscação da razão" nos dias atuais, a imaginação tem ficado na sombra, se não extirpada, das reflexões e práticas na educação superior e também, muitas vezes, da educação das crianças desde a Educação Infantil, conforme apontam Petráglia e Costa (2017).

Acolhendo a imaginação, considero que espaços educativos que hospedam diferenças e se abrem a contágios, atravessamentos, mestiçagens e bricolagens, longe dos abafamentos dos dogmas da assepsia, são lugares propícios a invenções e ao exercício imaginativo. Talvez, em algum sentido ainda que mínimo, este estudo seja a materialização desses espaços de pensamento. Busquei intencionalmente me afastar da concepção tradicional de construção do conhecimento científico, onde há pouco lugar para integrar recursos imaginativos e construir uma ciência que assume, sem pudor, a subjetividade do pesquisador como participante de seu processo construtivo do conhecimento. Nesse sentido, há epistemologias na atualidade que acolhem um caráter *autobiográfico* — e eu diria, ancorada em Morin (2013), também *autorreferente* — no fazer científico, o que é assumido explicitamente neste estudo.

Aqui, as diferenças colocadas em diálogo, afirmando o modo mestiço de construir conhecimentos, serão várias: 1) é realizado diálogo com dois autores que operam na ciência, a partir de ontologias, epistemologias, metodologias e axiologias diferentes. Ancorei-me na ideia de que, nas Ciências da Complexidade, sob influência dos avanços nos estudos da física atômica (BOHR, 1995), as investigações científicas podem operar por complementariedade; 2) a presença de diferentes linguagens no texto e o emprego de diversos gêneros textuais narrativos (considerados numa mesma simetria de importância em sua contribuição em relação aos conhecimentos trazidos), com a intenção de buscar uma compreensão mais complexa e uma expressão múltipla dos conhecimentos, a saber: *prosa, poesia, trechos de músicas, cartas, diários, entrevista*; 3) busquei, enquanto pesquisadora, entretecer uma aproximação intencional entre o que Morin chama de "dimensão prosaica e poética da vida"[1] (usando essas ideias como metáforas para pensar a própria feitura da prática de pesquisa e sua narração); 4) explorei, no processo de construção do conhecimento, um certo esgarçamento de fronteiras entre a ciência, as artes e a literatura.

Ao refletir sobre aproximações entre a ciência e as artes, lembrei-me do que aponta o físico Niels Bohr, em um de seus escritos, sobre as contribuições que a arte pode nos proporcionar na construção de um conhecimento:

> O enriquecimento que a arte pode nos trazer origina-se em seu poder de nos relembrar harmonias que ficam fora do alcance da análise sistemática. Pode-se dizer que a arte literária, a arte pictórica e a arte musical compõem uma sequência de modos de expressão em que a renúncia cada vez mais ampla à definição, característica da comunicação humana, dá à fantasia uma liberdade maior de manifestação. (BOHR, 1995, p. 101).

O processo da qualificação me jogou direto em contato comigo mesma, com o meu útero imaginativo, fértil, mas um pouco esquecido. Percebi que vestir um escafandro — metáfora para a assunção de uma posição metodológica pré-definida de ingresso na pesquisa — era um procedimento com um equipamento pesado demais para o mergulho na literatura visitada neste estudo, onde o trabalho com a imaginação apontava para a leveza, a sutileza e, por vezes, até a efemeridade. Cheguei à conclusão, após a qualificação, que é preciso tentar mergulhar sem equipamentos protetores pesados demais e seguir até onde é possível, realizando implicadamente a experiência com a própria vida — fazendo da própria *experiência* (*de ler e reler, montar e desmontar, escrever e reescrever*) o caminho da pesquisa. Trabalhei com as limitações dos materiais, do tempo e das minhas próprias possibilidades enquanto pesquisadora; e reafirmei a realização de pesquisa e a formação de um pesquisador como processos (sempre parciais e possíveis de novos desdobramentos e continuidades). Compreendi que o caminho de uma pesquisa é uma aposta incerta, passível de bifurcações no trajeto. Realizei deslocamentos:

---

[1] Essas noções serão mais trabalhadas logo adiante, no próximo capítulo.

CONTRIBUIÇÃO PARA ESTRATÉGIAS IMAGINATIVAS NA UNIVERSIDADE

Ela, pesquisadora (iniciante),

afastou-se um pouco.

Curiosa, foi respirar novo ar!

Aqueles eram dias em que os pulmões falhavam

E a mente, com a balbúrdia da mídia e da política,

dificultava ficar vazia.

Compreendeu

que naquelas catedrais antigas chamadas universidades,

os frequentadores muitas vezes ficavam presos em seus escafandros pesados demais para operarem!

A saúde mental gritava socorro, e a alma ardia!

Dizem

Alguns mergulhadores experientes,

que é na profundidade dos mares da pesquisa

que é possível observar as mais belas e encantadoras

espécies diversas e exóticas que encantam os olhos e a alma vivente.

Mas como os viventes de fato, são muito poucos,

tal qual

raro é o pensamento que cria,

naquele tempo, inventividade era artigo de luxo,

quando bem necessitaria... é ser,

artigo de sobrevivência!

Pensou ela: ou nos recriamos, ou vamos nos matar como civilização!

E as guerras não eram mais as mesmas...

E as armas de combate agora eram outras!

Mas

Se os escafandros pesados nos impedem de mergulhar

O que fazemos nós, mergulhadores (iniciantes)

>   que escavamos as belezas exóticas ("que imaginamos")
>   que possam alimentar a ciência e a vida com saberes novos???
>
>   Largamos
>   os escafandros no meio do caminho,
>   e passamos a buscar novos equipamentos de mergulho, que permitam
>   a leveza da descida e uma fluidez alegre na subida...?
>   Ou...
>   Resignamos?

A resposta que encontrei para a pergunta ao final do poema anterior foi: é preciso abandonar o peso dos escafandros — ou, ainda, é preciso abandonar os escafandros pesados demais. Se necessário for, é preciso bifurcar! Cambiante, e sem saber como seria, refiz o meu percurso, revisitando e revisando os textos selecionados para o estudo e o texto enviado para a qualificação, buscando deixar de fora os excessos ou transbordamentos, bem como, buscando concretizar os silenciamentos necessários e trabalhando duro para "me encontrar" epistemologicamente enquanto pesquisadora. Percebi que talvez essa movimentação toda não fosse absurda demais quando escutei, em uma conferência, um apontamento de Fagner França (ALMEIDA; FRANÇA, 2020b) que discorria sobre o método vivo no fazer da pesquisa científica[2]. Ele cita Hannah Arendt: *"é preciso aprender a pensar sem corrimão"*. Tal ideia pareceu-me um convite à imaginação de *novos possíveis*.

Permeada pelos comentários da banca de qualificação e minhas próprias escolhas, cheguei à conclusão de que, se é preciso mergulhar em um tema de pesquisa, é também necessário ter a sensibilidade de perceber que cada estudo é tecido ou "montado" (FONTES, 2006) por um pesquisador, que se lança a nadar no mar dos conhecimentos de maneira peculiar, por meio da construção de estratégias[3]. Após operar uma seleção de materiais, ele põe-se a tecer redes de significados; a construir sentidos e a tratar informações (MORIN, 2003; ALMEIDA, 2008). Criar sentido é de certa forma criar imagens, imaginar. Assim, a nosso ver, o pesquisador em educação pode pôr-se a imaginar novos possíveis e estratégias para driblar o que nas palavras de Almeida (2019) foi chamado de "ressecamento da imaginação", tão presente nos ambientes educacionais, e pode posicionar-se nas pesquisas de modo a umedecer a secura que se manifesta nas repetições cadavéricas dos métodos de manuais.

Com receio de reciclar o texto da qualificação, e também o meu modo de pensar, cambaleante na emoção, lembrei do que escreveu Morin: "Tudo o que não se regenera, degenera" (MORIN, 2011b, p. 57; 2018, p. 75). Ainda: "[...] quanto mais nos aproximamos de uma catástrofe, mais a metamorfose é possível. Então a esperança pode vir do desespero" (MORIN, 2011b, p. 181). E continuava a inspirar-me nele: "[...] quando há, ao mesmo tempo, falta e excesso; é então que o impossível é possível [...]" (MORIN, 2011b, p. 181). Desmontei, então, o texto, e lançando sobre ele um olhar de estranhamento, passei a inventariar o material e a tecê-lo em novas bases, fazendo um deslocamento

---

[2] Morin vai usar esta expressão, o *"Método in vivo"*, em sua obra *Sociologia* (MORIN, 1995).

[3] "A estratégia pode modificar o roteiro de ações previstas, em função das novas informações que chegam pelo caminho que ela pode inventar" (MORIN, 2005b, p. 220).

em relação à intenção inicial a partir da consideração dos apontamentos da banca de qualificação, assim como de alguns movimentos que esse momento gerou em minhas próprias reflexões (se não em minhas entranhas!). Refleti, paradoxalmente — não sem alguma dor de apego —, sobre o que do antigo texto enviado para a qualificação seria silenciado e movido para o obituário:

Lúdicos devaneios de obituário

"Tem dias que a gente se sente..." canta Chico Buarque.

Cantarolo com ele:

Tem dias que a gente tem que partir p'ra encontrar um novo lugar dentro de si mesma!

Chacoalhar os penduricalhos conhecidos, livrar-se dos excessos, e encontrar o que fica no "coador" da vida.

É fácil?

Responda se puder.

Das muitas rupturas que fazem parte de uma vida de estudos.

Das muitas mortes que se morre p'ra renascer na vida intelectual.

Daquilo que te convoca — delicadamente — a cruzar a ponte, mesmo que tu não saibas o que tem na margem de lá.

Das belezas e delícias...

Das angústias e incertezas...

Das alegrias e inseguranças...

VIDA!

De se saber incompleta, e ainda assim, buscar as suas palavras.

Acomodando os medos dos tropeços no bolso da vida — com respeito!

E dando as mãos àqueles que te sustentam na caminhada...

enquanto você aprende a equilibrar-se.

E tu inicias a caminhada...

Sem ter a noção de onde vais parar.

Com a única certeza... de que é preciso tecer redes...

Tal como é preciso cortar fios.

É preciso colocar luz p'ra iluminar conceitos.

É preciso apagar luzes e, intencionalmente, fazer dormir categorias.

Autor.

Ator.

Silenciador.

Criador de novos possíveis.

Apagador de caduquices.

E o que caduca em mim... conjuntamente, na mesma hora, me convoca a um outro lugar.

As mortes que morrem em mim

são as sementes de vida daquela que pode nascer amanhã.

Mas até p'ra deixar morrer as palavras que vão... é preciso saber o que vai estar no obituário.

E já que muitas vozes me convocam...

eu já antevejo e começo a contar os meus (autores e conceitos) mortos,

e a pensar: o que no obituário estará?

O que restará?

Do distanciamento a uma razão calculante,

movimento-me para o acolhimento do devaneio que celebra a imaginação.

A imaginação exige um certo modo de se colocar na vida para se deixar capturar por aquilo que às vezes já está dado, mas que, ao ser tocado pela atitude imaginativa, sofre transmutações (recicla-se, recombina-se) e dali a pouco já é outra coisa. A imaginação oferece, ao que já é conhecido, um segundo olhar. Que modo de se colocar na vida é esse? Um modo aberto, criativo, implicado, vivo, fluido, perspicaz, combinatório, antropofágico, acolhedor do devaneio e, por vezes, do reaproveitamento. A revisão exigiria de mim dosagem e escolhas entre o que lembrar e reafirmar, ou afirmar de um outro jeito, e o que esquecer e fazer adormecer, ou apenas esquecer em parte e deixar permanecer uma outra parte, intencionalmente um pouco modificada, para que algo novo pudesse germinar. Era preciso que eu estivesse atenta ao fato de que tão importante quanto imaginar é estar aberta a *desimaginar* (DINIZ; GEBARA, 2020), ou fazer silenciar aquilo que deve ser ultrapassado. Como bem apontaram Petráglia, Dias e Almeida (2020, p. 4), "muitas vezes, precisamos desaprender conceitos fechados e obsoletos que estão reservados nas prateleiras da consciência para aprendermos novas possibilidades nos cenários que se delineiam e redesenham na multiculturalidade planetária".

Esse foi o clima de inspiração ao qual precisei me abrir ao reescrever o texto da tese, a partir das contribuições da banca de qualificação e acolhendo a proposição de ter a *experiência* como a estratégia do estudo. Precisei fazer um deslocamento intelectual, afirmando: inventar, re-criar, imaginar, experienciar e viver a aventura do conhecimento inventivamente é preciso. Encontrei lugar na pesquisa para acolher a novidade e a temporária desorganização intelectual que a experiência de diálogo com a banca de qualificação movimentou em mim.

>Certa manhã, tomad[a] por súbita intuição,
>
>El[a] desarruma, então,
>
>aquela classificação tradicional
>
>transformando os corredores da loja em um labirinto
>
>e as seções em um caos
>
>(SERRES, 2013, p. 53)

Permiti-me, nesse momento de revisão, a vivência de experiências sensíveis e paradoxais, pois concretas e imaginárias ao mesmo tempo, mobilizadoras de emoções e de busca compreensiva por meio de uma racionalidade aberta e de apropriação antropofágica[4], na visitação dos textos fruídos. Saí com o próprio corpo a fazer as experiências da leitura. A estratégia foi deixar-me afetar pelos textos e, de modo implicado, responder reflexiva e imaginativamente a eles, como uma espécie de *antropófaga de ideias*. O estudo foi redimensionado e efetuado, inspirado pela compreensão de método como caminho, estratégia, atividade criativa e/ou ensaio gerativo, seguindo as proposições de Morin, Ciurana e Motta (2003):

---

[4] Para Zani (2003, p. 123), "[...] a noção de antropofagia defendida pelos modernistas brasileiros [...] não ignorou as influências europeias e assimilou-as, revertendo-as, introjetando-as e reordenando-as em seu próprio estilo.". A apropriação antropofágica neste estudo tem a ver com a apropriação daquilo que é do outro (suas ideias e teorias), que é tomado e digerido, e a partir desse processo criam-se novos sentidos. Clini (2021, s/p), ao falar sobre antropofagia, assim expressa: "[...] isso que a gente estuda muda porque precisa passar pelas nossas entranhas para acontecer, para não ficar cadavérico. O que estudamos só existe se passando pela nossa carne virar gesto. É visível uma teoria que atravessou apenas o cérebro de alguém antes de virar palavra, e uma teoria que passou pelo estômago de alguém antes de virar gesto. Qual o lugar de tudo o que lemos, que vivemos, que discutimos, que escutamos, que estudamos? Nosso estômago. Precisamos devorar todas essas referências, digeri-las à nossa maneira, para que o nosso gesto situado ganhe força e vigor. O cérebro sozinho não reverbera afetos.".

FIGURA 1 - SINÔNIMOS DE MÉTODO PARA MORIN, CIURANA E MOTTA

- Caminho
- Ensaio Gerativo
- Estratégia e exercício de resistência espiritual
- Atividade pensante de um sujeito criativo

MÉTODO

FONTE: adaptado de Morin, Ciurana e Motta (2003)

Acolhi a concepção de ciência como *atividade narrativa* conforme Almeida (2012, 2017a, 2017b) e Stengers (2015), que é também um pouco de *arte* (MORIN, 1995, ALMEIDA; FRANÇA, 2020b).

No que tange ao tema da imaginação, verifiquei que diversos autores já se debruçaram sobre ele a partir de diferentes perspectivas e de múltiplas áreas do conhecimento. O tema da imaginação pode ser considerado de interesse da filosofia, da sociologia, da antropologia, da psicologia, da arte e da arteterapia, dentre outras áreas. Da mesma forma, é possível observarmos, na biografia de seus estudiosos, que muitos deles possuíam formação interdisciplinar e que seus estudos perpassaram diversas áreas do conhecimento, podendo suas obras e escritos serem reconhecidos ao mesmo tempo como pertencentes a diferentes áreas do saber.

Alguns dos principais estudiosos e algumas das principais obras sobre a imaginação e o imaginário podem ser aqui lembradas: Araújo e Baptista (2003); Arnau (2020); Azevedo e Scofano (2018); Bachelard (1986, 1990, 1997, 1998); Barcellos (2012); Belo (1998); Castoriardis (1982); Corbin (1976); Durand (1993, 1998, 2004, 2012); Eliade (1979); Ferreira-Santos (2020); Fitzpatrick (1998); Fritzen e Cabral (2007); Graham (2000); Hillman (2010, 2018); Jung (2008, 2014); Kast (1997); Oliveira, Almeida e Sierra G. (2020); Porto (2019); Ruiz (2003); Sartre (2008); Schuman (1994); Silveira (2001); Thomaz (2009); Wunenburger e Araújo (2006); Wunenburger (2007, 2008); dentre outras.

Vigotski e Morin produziram obras em que entendemos que o tema da imaginação pode ser escavado. Na obra de Edgar Morin, a nosso ver, esse tema ainda hoje é pouco explorado[5]. Apesar de o tema aparecer de modo mais evidente em alguns textos, tais como Vigotski (VIGOTSKI, 1999a, 1999b, 2001, 2009, 2018; VYGOTSKY, 2001, 2014) e Morin

---

[5] Rogério de Almeida, professor da USP, tem alguns textos e livros publicados abordando o tema da imaginação e do imaginário e, em alguns deles, ele aborda ideias morinianas.

(1979, 2005a, 2009, 2014b, 2017, 2019), por vezes essa temática precisa ser garimpada em outros diferentes escritos dos autores, por não aparecer claramente colocada. É importante destacar, que em nossa leitura, ela faz-se presente, ainda que de modo indireto, na forma como ambos os autores tecem as suas obras, cada qual com suas características muito próprias e extremamente imaginativas; e, na obra de Morin, a temática também aparece indiretamente quando ele aborda o tema da estética (MORIN, 2017).

Vigotski e Morin são autores influentes na área da educação, servindo de referencial teórico significativo para as práticas educativas no Brasil. Considerando-se cada um isoladamente, eles têm sido bastante referenciados em suas contribuições nessa área de conhecimento, (MAINARDES; PINO, 2000; GALLEGOS, 2016; ARAÚJO et al., 2020). Contudo ainda existem poucas tentativas de construção de um diálogo entre esses autores por parte de estudiosos. Alguns pesquisadores latino-americanos da área da educação já incursionaram pelo percurso de trazer Vigotski e Morin em diálogo em suas publicações (ZANELLA, 2000, 2003; SENNA, 2004; MARTINEZ, 2005; GARCIA, 2010; CROTI; DIAS, 2016; BOLANOS, 2017); porém, pelo que o estudo pode apurar, até o momento, nenhum deles o fez explorando o tema da imaginação especificamente.

De Descartes ([1637] 1996) a Bachelard (1996), Bohr (1995), Prigogine (2009) e Serres (2007), observamos diferentes formas de ver o mundo e de fazer ciência, como apontam a História e Filosofia das Ciências. Essas formas múltiplas continuam coexistindo e se transformando incessantemente. Não existe um jeito único de vermos o mundo e de fazermos ciência: Vigotski tinha o seu, Morin igualmente, e cada pesquisador e sua comunidade têm a sua própria cosmovisão e modo de conduzir suas pesquisas. Há uma riqueza de perspectivas e possibilidades. Adoto neste estudo uma perspectiva qualitativa, experiencial e construtiva na compreensão dos fenômenos, com ênfase na construção de significado e sentido, tendo como operador cognitivo[6] a imaginação e usando uma forma de escrita científica experimental (no sentido de esquadrinhar formas pouco exploradas no esgarçamento de fronteiras entre ciências e artes, entre dimensão prosaica e poética[7], na composição do texto acadêmico).

Para Arnau (2020), a imaginação está no terreno do sentido, estando ela própria em um terreno intermediário entre o mundo imaterial dos valores e o mundo material da experiência sensível. Ele aponta que a imaginação aparece, em alguns momentos, como uma *"tercera via"* (ARNAU, 2020, p.144), que enfatizamos como um -entre- a sensibilidade e o entendimento. Destaca, ainda, que, na história da humanidade, é por meio dela que os humanos dão sentido a todas coisas e aspectos da vida desde sempre; podemos começar a pensá-la desde os tempos imemoriais do antigo Egito, cuja cultura era fundamentalmente imaginal: sua escrita era visual, e expressavam-se fortemente por meio do desenho. O referido autor indica, ainda, que a imaginação nos ajuda a criar nossas representações, combiná-las e abstrair delas para formarmos conceitos. Ele entende que *"La vida imagina. Es lo que mejor sabe hacer"* (ARNAU, 2020, p. 11).

Para Vigotski (2018), a imaginação depende da riqueza e diversidade de *experiências* do sujeito imaginante, pois é a partir da recombinação de dados advindos do acúmulo de suas experiências anteriores que uma atividade criadora acontece. Ao abordar o tema da atividade criadora na infância, no último parágrafo de seu livro, o autor aponta o lugar central da imaginação encarnada no presente para a construção de uma personalidade criadora.

---

[6] O termo operador cognitivo é aqui usado inspirado nas ideias de Pensamento Complexo (cf. MORIN, 2000), no sentido de estratégia intelectual ou engenhosidade para favorecer um pensar complexo, uma tática para a religação do conhecimento.

[7] No sentido moriniano em que os termos prosaico e poético são usados.

Na perspectiva do Pensamento Complexo, para Morin, em entrevista a Ginori (MORIN, 2020c), "estamos na era das grandes incertezas". Petráglia e Sena (2021c, p. 11) apontam que "conviver com a transitoriedade e a incerteza é um desafio constante que o pensamento complexo nos impõe". Petráglia (2021b) destaca que conviver com a incerteza talvez seja a grande aprendizagem que o ser humano precisa fazer. E, nesse contexto incerto, Petráglia e Costa (2017, p. 245) lembram-nos que "as artes nos despertam para o autoconhecimento [...]".

A nosso ver, a imaginação pode ser uma engenhosidade ou operador cognitivo que mobiliza possíveis surpresas ao modo: *eureca*! Ela o faz por meio de novas composições; favorece outras possibilidades ainda desconhecidas e pode nos ajudar a pensar a educação no atual contexto, marcado por um clima de profundas incertezas na atualidade.

Teixeira (2006), ao refletir sobre educação e imaginário, aponta grave crise da educação sob a influência do paradigma de extrema racionalidade. Camargo e Bulgacov (2008, p.474) também indagam: "Como escutar as fantasias de [...] jovens se embotamos o nosso próprio imaginário? Como estimular a criatividade, ao raciocínio, a ousadia, se estamos tomados pela apatia? Como desenvolver a sensibilidade do estudante se a nossa própria [...] é descuidada?" No mesmo sentido, Almeida (2017b) fala das escolas e universidades como espaços onde há, lamentavelmente:

> [...] teorias, técnicas e fórmulas demais, sonhos, de menos. Incitação à criatividade, de menos, repetição de mais. Criatividade de menos, regras e normas, de mais. Valores de menos, modelos demais, imaginação de menos. Parece até que as escolas e as universidades se transformaram em fábricas de de-subjetivação, [...] máquinas trituradoras da imaginação. (ALMEIDA, 2017b, 42m13s-42m51s).

O mundo parece caótico. Aceleradas mudanças têm causado amplo impacto e transformações na vida humana quanto à forma de as pessoas perceberem e de estarem no mundo, de viverem e de trabalharem, de se relacionarem consigo mesmas e com os outros na sociedade. Também as formas de educação têm passado por mudanças diversas. Tudo isso se intensificou especialmente após 2020, com a pandemia mundial da Covid-19, em que a incerteza dos vigentes dias foi escancarada ainda mais. Tal contexto nos faz repensar a necessidade de serem concretizados novos modos de prosseguirmos vivendo e convivendo, reimaginando e reconfigurando a vida, buscando novos modos de relação entre os seres e dos humanos para com a natureza e a cultura. Como apontam França e Almeida (2021, p. 121), é importante "ativar as forças de conjunção". Petráglia e Costa (2017) salientam as artes como meio para aliviar e amortecer a crueldade, os sofrimentos e as angústias da vida. Vale também lembrar que, conforme afirmamos anteriormente (ROLDÃO et al., 2020, p. 46), consideramos que "a humanização não é inata, mas sim um processo social que se constitui [também] nas relações de ensino-aprendizagem [...]". Nesse processo de humanização, as artes, a imaginação e a criatividade podem ter papel fundamental. A contínua rapidez nas mudanças sociais e a complexidade crescente da vida têm exigido maior inventividade e reconfigurações na área da educação para a formação humana e profissional.

Dentro de uma perspectiva Histórico-Cultural, Camargo e Bulgacov (2008, p. 468) destacam que: "Podemos observar o mundo moderno orientado por uma razão calculante, uma razão instrumental que domina a nossa capacidade intelectiva, a qual é orientada para os aspectos econômicos e privilegia a perspectiva quantitativa dos fenômenos". Referente ao papel do professor, elas convidam-nos a evitarmos de criar na educação realidades fechadas, ausentes de possibilidades, e a afastarmo-nos de usar o certo e o errado como possibilidades absolutas[8] (CAMARGO; BULGACOV,

---

[8] Entendemos que tal reflexão à qual as autoras convocam os educadores pode ser aplicada para professores de todos os níveis da educação, incluindo a educação universitária.

2008). A partir de um olhar da perspectiva Histórico-Cultural, Duarte Jr., também citado pelas autoras anteriormente mencionadas, destaca que:

> [...] nossas casas não expressam mais afeto e aconchego, temerosos e apressadamente nossos passos cruzam os perigosos espaços de cidades poluídas, nossas conversas são estritamente profissionais, nossa alimentação feita às pressas e de modo automático, entopem-nos de alimentos insossos, contaminados e modificados industrialmente, nossas mãos já não manipulam a natureza, espigões de concreto ocultam os horizontes, os odores que sentimos vêm dos esgotos, de chaminés de fábrica e de depósitos de lixo, e em meio a tudo isto, trabalhamos de forma mecânica e desprazerosa até o estresse. (DUARTE JUNIOR, 2000, p. 20).

As mudanças atuais e o cenário anteriormente configurado convidam a uma *atenção* especial para com a imaginação, enquanto *operador cognitivo* para pensar a formação de universitários em suas múltiplas dimensões. Neste trabalho, nossa ênfase recaiu sob a dimensão da construção e narração de conhecimentos nesse processo formativo.

Entendo que a carência da imaginação na educação universitária, como apontou Almeida (2017b), mostra-se em múltiplos momentos e atividades no processo de formação. Nesta pesquisa, destaco especialmente um, que considero ser de grande relevância: o *encarceramento* montado pela reverência excessiva à metodologia científica tradicional e o seu consequente impacto em promover um *raquitismo imaginativo* na formação acadêmica, com destaque para a construção dos conhecimentos no cotidiano das práticas universitárias a partir da condução de pesquisas ancoradas em métodos plasmados em manuais e suas narrativas metodologicamente padronizadas e obsessivamente repetidas em um rígido enquadramento exagerado que gera um *engessamento das narrativas*. Como alerta Gebara (DINIZ; GEBARA, 2020), *a repetição pode roubar a imaginação* e nos impedir de imaginar quando nos colocamos apenas a repetir, ou quando alguns, que imaginam, impõem a sua imaginação aos outros.

Procurando em meu repertório cultural uma metáfora em outra linguagem, para além da científica, que pudesse exprimir por analogia como vejo a situação do engessamento excessivo da metodologia científica tradicional (ainda imperante em nosso meio acadêmico na atualidade), a que me vem à mente é a música *Balada da Bailarina* (1982), de Chico Buarque e Edu Lobo, cantada por Adriana Calcanhoto[9].

Em certo trecho astutamente irônico da música, temos: "Procurando bem todo mundo tem pereba, marca de bexiga ou vacina. E tem piriri, tem lombriga tem ameba. Só a bailarina que não tem [...]". Essa metáfora da bailarina, trazida na letra da canção, pode servir de analogia à posição arrogante da ciência, tal qual é por vezes apresentada e/ou representada no modelo tradicional de sua prática, com obsessivo desejo de ordem, assepsia ao diálogo entre diferentes áreas dos saberes e a prática recorrente de modelos replicáveis, desconsiderando, por vezes, a especificidade das Ciências Humanas. Na complexidade da contemporaneidade, entendemos que "a bailarina" precisa ser desafiada a afastar-se um pouco do palco, abrindo espaço para o espetáculo das redes de interconexão, que não se pretendem "sem piolho", mas reconhecem os seus limites, justamente porque são complexas.

Neste estudo, afirmamos que fazer pesquisa e construir conhecimentos podem ser uma forma de instaurar diálogos e tecer novas redes de sentido, sendo uma possibilidade para gerar "narrativas" (STENGERS, 2015) que fertilizam a capacidade de pensar os antigos e novos desafios colocados pela contemporaneidade. Stengers (2015), ao escrever sobre o seu fazer científico, argumenta:

---

[9] Um vídeo pode ser apreciado em https://www.youtube.com/watch?v=huyhO3IPRtk..

> Trabalho com as palavras, e as palavras têm poder. Elas podem enclausurar em polêmicas doutrinárias ou visar o poder de palavras de ordem [...] mas elas também podem fazer pensar, produzir formas de comunicação um tanto novas, chacoalhar alguns hábitos [...]. (STENGERS, 2015, p. 20).

A partir de ideias como essa e as de Almeida e França (2020a, 2020b), ao trabalharem o tema das narrativas na pesquisa, reflito que novas narrativas e novas tessituras estão encontrando algum acolhimento no fazer acadêmico. Penso-as como pequenas ilhas de

> [...] *outras histórias* [...] que contam como situações podem ser transformadas quando aqueles que as sofrem conseguem pensá-las juntos [...] como "obra a ser feita". E precisamos que essas histórias afirmem a sua pluralidade, *pois não se trata de construir um modelo, e sim uma experiência prática*. Pois não se trata de nos convertermos, mas de repovoar o deserto devastado de nossa imaginação. (STENGERS, 2015, p. 169-170, grifo nosso).

As narrativas e a imaginação podem nos ajudar a vermos, pensarmos e colocarmos a nossa atenção em construir o mundo de um jeito novo e diferente, a começar pela educação. Para construirmos novas narrativas, exercitar o pensar diferente — imaginativa e inventivamente —, é preciso instaurar uma brecha. Mas como? E como ajudarmos a formar profissionais para o futuro que consigam realizar exercícios imaginativos durante sua formação, para poderem se preparar para construírem novas realidades?

As respostas a essas perguntas podem ser diversas, assim também como os caminhos que elas podem apontar[10]. Esperamos ter construído uma pista, por meio deste estudo, bem como ter instaurado outras perguntas necessárias e fecundas à irrigação do terreno da formação universitária, por meio do acolhimento da imaginação nesse processo. Que desperdício quando a vida não pode contar com a ciência como um dos faróis do conhecimento, pois ela, cega, exerce a mesma função de um farol apagado!

Vigotski e Morin têm contribuído nos últimos séculos para alumiar o caminho da educação e de vários educadores — dentre eles, eu. Coloco-me neste estudo a dialogar com cada um deles dois, sob uma posição reflexiva que se aninha na noção de complementaridade. Essa noção me chama a atenção, pois me indica que ideias igualmente importantes, embora não possam ser abrigadas num quadro teórico comum, podem iluminar reflexões com relação a diferentes aspectos relevantes da realidade, assim como tornar mais abrangentes as compreensões sobre determinados fenômenos — e, quiçá, mais potentes para instigar e inquietar.

Uma relevância social do estudo advém da necessidade de continuarmos a compreender e contribuir para pensar, dizer e expressar o pensamento de modo imaginativo e complexo na educação hodierna (por meio de novas estratégias compreensivas e narrativas, que fertilizem o nosso olhar sobre o tema do processo de construção e expressão do conhecimento na formação universitária).

A relevância pessoal para o estudo do tema adveio do fato de que, sendo psicóloga e professora universitária e atuando na graduação com disciplinas que trabalham com as ideias de Vigotski e Morin, trouxe contribuições também (e primeiramente!) para a minha prática acadêmica. Tenho desenvolvido também práticas relacionadas de diferentes maneiras ao tema da imaginação e das narrativas, por exemplo, no trabalho com a arteterapia, na atividade da clínica psicológica e na pesquisa. Na dissertação de mestrado, trabalhei o tema das "Vivências em Atividades Artístico-Expressivas

---

[10] Temos aqui um verdadeiro desafio quando, diante de políticas rigidamente engessadas, nós professores somos empurrados a ter em mira a preparação dos estudantes para provas do ENADE, por exemplo.

e a Construção da Identidade: um estudo com jovens e adultos" (BALMANT, 2004). Esse estudo desdobrou-se em um artigo e dois capítulos de livro, a saber: Balmant e Bulgacov (2004, 2006a, 2006b). Em minha atuação como psicóloga clínica, trabalho diretamente com as narrativas das histórias de vida dos meus pacientes. A própria compreensão do humano, da saúde e da enfermidade, da funcionalidade e disfuncionalidade pelos cientistas é um trabalho narrativo com o qual estou cotidianamente envolvida[11]. Como bem metaforizou Adler, citado por Hillman (2010), compreender um estilo de vida é como compreender o trabalho de um poeta.

O livro está narrado da seguinte maneira. Um primeiro momento aborda fragmentos da vida e obra de Vigotski e Edgar Morin, construindo um panorama introdutório que se ocupa em apresentar quem são os autores aqui estudados e com os quais será estabelecido posteriormente um diálogo acerca do tema da imaginação. Nesse momento inicial, alguns aspectos centrais do pensamento desses autores são apontados, com vistas a construir um pano de fundo para o diálogo posteriormente estabelecido no segundo momento do texto, por meio da estratégia de cartas acadêmicas.

Em ambos os momentos fui dialogando com as ideias dos autores enquanto buscava construir, já na própria feitura do relato da pesquisa, estratégias narrativas imaginativas exploratórias que pudessem contribuir para ventilar a prática da escrita acadêmica universitária, buscando gerar algum estranhamento e reflexões. As estratégias adotadas para o estabelecimento dos diálogos com as ideias dos autores nos momentos um e dois são diversificadas. No primeiro, o diálogo é construído de maneira indireta, usando o artifício narrativo de uma escrita híbrida que explora uma tessitura que entretece fatos e ficção de maneiras diversas (por exemplo, passando pela construção das personagens e seus nomes, em que mesclo fatos reais a fictícios quanto às minhas experiências vividas na pesquisa e posteriormente narradas). Essa escolha do modo de escrita intenciona gerar reflexões. As informações referentes aos aprendizados obtidos sobre os autores, na pesquisa, são todas fundamentadas nas leituras e aprendizados a partir de suas obras ou de outros cientistas estudiosos delas. Exploro o acoplamento de diferentes gêneros narrativos exercitados na construção da narrativa principal, tal como a *poesia* e o *diário*, integrados na narrativa mais ampla, que se apresenta *próxima* ao estilo de uma crônica, *sem a preocupação de orientar-me por cânones da literatura ou da metodologia científica tradicional*, numa busca intencional de borrar fronteiras entre ciência e literatura.

Explorando a construção textual narrativa, descobri que poderia resolver um problema que me incomodava desde o início deste estudo: como construir uma narrativa integrada ao relatar o diálogo estabelecido com esses diferentes autores nesta pesquisa sem fazer a clássica e rígida separação em capítulos (construindo, por exemplo, um capítulo referente à vida e à obra de Morin e outro referente a Vigotski). Para mim, a descoberta de que a integração desejada seria possível de ser entretecida por meio de estratégias narrativas foi um acontecimento ápice (ao modo *eureca*!) neste estudo.

No segundo momento do texto, após uma breve introdução, a estratégia adotada é a redação de *cartas*. Aqui resolvi abrir mão dessa integração direta das ideias dos autores, compondo um texto narrativo único, em prol do artifício da escrita de cartas a cada um deles. Uma exploração da estratégia da carta no relato do estabelecimento desse diálogo com as ideias de ambos os autores se apresentou, ao final, como a materialização concreta de uma estratégia imaginativa que poderia ser explorada também e de *diferentes formas* e momentos na formação universitária[12]. Aqui, o estudo assume explicitamente um tom autobiográfico.

---

[11] Por alguns meses, durante o período do doutorado, participei de duas atividades clínicas que não estavam relacionadas diretamente com meus estudos de doutorado, mas que contribuíram para a ampliação do meu olhar de um modo geral sobre o tema da imaginação e das narrativas: participei de um grupo de estudos sobre o livro *Ficções que curam* (HILLMAN, 2010) e cursei uma pós-graduação em Psicologia Analítica, com duração de dois anos.

[12] Explorei a estratégia das cartas enquanto professora em algumas das minhas aulas durante o período em que redigia as cartas a Vigotski e a Morin. Usei-as como instrumento para a construção e expressão de conhecimentos e também como instrumento de avaliação em uma de minhas disciplinas.

O livro finaliza sem uma conclusão "formal". Exploro a estratégia da *autoentrevista*, redigida de modo próximo a um *making of* das produções cinematográficas (que mostra o processo de produção ou criação cinematográfica) e os pós-créditos (que podem dar pistas de uma possível continuidade da produção).

O diálogo com os autores foi estabelecido a partir de uma experiência de entrega antropofágica às leituras selecionadas de suas obras que traziam de alguma forma uma relação com o tema da imaginação. Busquei deixar-me afetar por elas. Inspirei-me no que aponta Clini, 2021) sobre uma antropofagia do conhecimento:

> Primeiro, eu mordo. Preciso escolher o que abocanhar, trazendo diversos gostos, texturas e nutrientes para dentro da minha boca.
>
> Em seguida, eu os mastigo. Tudo o que eu leio entra em contato com a minha saliva; meus dentes passam a esmagar aquelas letras e ideias, destruindo-as mecanicamente. Quando já está pastoso, eu engulo o conteúdo temperado pelo clima da leitura e a acidez da saliva que é a minha!
>
> Meu esôfago se encarrega de levar aquilo para o meu estômago onde, enfim, eu digiro. A desconstrução, agora química, precisa se intensificar. Não há como transferir essa tarefa para ninguém mais, minhas vísceras e enzimas são só minhas! E tudo aquilo que li precisa passar por mim para ser assimilado pelas minhas células.
>
> Nos meus intestinos misturo sucos digestivos que eu mesma produzo com as partículas que ali chegam, assimilando os nutrientes, impregnando-os ao meu organismo.
>
> Quando tudo isso passa pela minha corrente sanguínea, atingindo todas as minhas células, já não teremos mais qualquer pensamento genérico! Tudo aquilo já é meu – no sentido de uma responsabilização inegociável!
>
> Não podemos esquecer de uma etapa muito importante desse processo: eu elimino aquilo que não faz sentido para mim. Eu defeco os excessos – e faço isso sem cerimônia: não somos nunca obrigados a assimilar e aceitar aquilo que outra pessoa pensou!
>
> Depois disso tudo, eu ganho força, energia e carne para o gesto que passou pelas minhas entranhas, que é mobilizado pelo afeto, e que saiu da esfera meramente racional ou intelectual. (CLINI, 2021, s/p, transcrição minha).

Prezado leitor, esta carta introdutória quer ser um *portal* a convidá-lo para seguir comigo esse caminho de reflexões, inquietamentos e busca pela reinvenção de novos possíveis, na construção de conhecimentos e narrativas na educação, sob a inspiração advinda do contato com escritos sobre a vida e a obra dos autores aqui estudados e, em especial, as suas ideias sobre o tema da imaginação.

Que sigamos em deslocamentos e reinvenções imaginativas.

Na esperança e na amizade, Flávia

VIGOTSKI E MORIN: FRAGMENTOS DE VIDA E OBRA

*Padronizar é muito mais fácil do que mostrar a que vim,
desvelar, colocar meu rosto no sol, dar a cara a tapa.
Escrever é despir-se em público. [...]
Gosto de pensar que escrevo como quem pinta ou borda,
como quem esculpe ou compõe [...]
Cada um de nós, com a sua própria identidade,
deixa um pouco de si no que faz
e é aí que reside a beleza [...]*
(Verônica Castelo Branco, A escrita experimental, 2019, p. 62-65)

*Graças a Deus! Sofia olhou para as cinzas e para o solo chamuscado. Na mão dela havia uma caixa de fósforos.
Será que fora ela que pusera fogo na mata?*

*Quando encontrou Alberto diante da cabana, contou tudo que tinha se passado.
— Scrooge era o capitalista ganancioso de um conto de Natal, de Charls Dickens. E a garota com os fósforos certamente lhe trará à memória o conto de autoria de Hans Christian Andersen.
— Não é muito estranho que eu os tenha encontrado bem aqui na floresta?
— De jeito nenhum. Esta não é uma floresta qualquer, e vamos falar de Karl Marx.
[...]
— O que é isso? – perguntou Sofia.
— Uma coisa de cada vez, minha querida.
E então Alberto se pôs a falar sobre Marx:
[...]
Mas voltaremos a isso logo mais.*

(JOSTEIN GAARDER, O mundo de Sofia, 2012, p. 422-423)

ERA UMA VEZ...

uma nublada tarde de sexta-feira na capital paranaense. Eu, F., professora que terminara meu mestrado há quatorze anos, lecionava agora na universidade Shuashiii, onde atuava também como supervisora de estágios e era, ao mesmo tempo, aluna de doutorado em processo de finalização de minha tese. Na verdade, a tese já estava completamente escrita: eu só estava aguardando o momento da defesa, marcada para dali 40 dias.

Aquele era um dia como os demais em minha rotina docente. Porém, em minha atividade como autora, algo havia se movimentado e me deslocado do lugar conhecido. Percebi logo de manhã, ao acordar. É possível que, nesse dia, o saco amniótico de minha gestação da Imaginação tenha se rompido, indicando que era hora dela fazer parte do processo da construção do conhecimento; ela estava vindo novamente ao meu mundo. Ela — *a imaginação* — era bem-vinda! Encontrou acolhida! A história que, como narradora, desejo lhes contar, começa assim...

VIGOTSKI

Eu havia finalizado a minha supervisão de estágios e estava pronta para descer as escadas da universidade quando, ao fechar a porta da sala de aula, ouço, no final do corredor, uma aluna a chamar: "Professora, espere um pouco; preciso muito falar com você!". De longe, avisto Talita. Detenho-me e aguardo para ver o que ela deseja.

Talita é uma estudante esperta, desperta e interessada. Cursou uma disciplina ministrada por mim no primeiro ano do curso de Pedagogia, e fizemos um forte e confiável laço de amizade durante a sua passagem pela universidade. Naquele momento, ela estava finalizando o seu último ano na Universidade Shuashiii. Enquanto a aguardo se achegar, uma lembrança me vem à mente: logo na Aula Magna de abertura do semestre letivo do curso de Pedagogia, ela ficou instigada por algumas ideias preliminares que lhe foram apresentadas sobre Vigotski e sua teoria. Ao final dela, quando nos encontramos na saída do auditório, comentara, entusiasmada: "quanta vivacidade e criatividade permeou o pensamento desse autor ao criar, com tanta originalidade, por exemplo, o conceito de Zona de Desenvolvimento Proximal (ZDP)[13], e ao propor, em obra escrita, mais ao final de sua breve existência, aqueles quatro modos de relação entre a imaginação e a realidade[14] que o palestrante nos apresentou"!

Trago o meu pensamento de volta para o aqui e agora. Talita se aproxima e anuncia, com uma vivacidade cintilante: "Queria que você soubesse, professora: estou planejando cursar um mestrado para o ano que vem. Por isso vim lhe procurar: profe, por onde eu posso começar a estudar Vigotski? Penso em me aproximar para estudar a sua vida e obras nos próximos dois meses, tendo em vista a construção de um projeto de pesquisa".

Eu asseguro:

— Talita, essa é uma pergunta para a qual não há uma única resposta, pois não há um caminho único; pelo contrário, cada estudioso deve construir o seu próprio percurso ao caminhar. Mas posso compartilhar com você os caminhos por mim percorridos em minha pesquisa de doutorado. Afinal, acredito que esse é um autor cujos estudos podem ser favorecidos se obtivermos alguns conhecimentos preliminares, antes de nos entregarmos a uma escavação de algum livro seu ou a um tema de estudos em sua obra. A pesquisa de doutorado já está bem no final; faltam alguns ajustes mínimos. Vou compartilhar com você um pouco da trajetória de construção de conhecimentos. Oxalá ela nos fortaleça ainda mais o vínculo de partilha e estimule você a construir posteriormente a sua própria trajetória única e irrepetível. Acolho amistosamente a sua questão!

Convido-a para nos acomodarmos em uma sala de aula e, empolgada, coloco-me prontamente a dialogar com ela, iniciando ali mesmo no corredor:

— No início do doutorado em 2018, após alguns diálogos com outros pesquisadores de Vigotski, comecei a perceber que havia instalada na vida acadêmica uma controvérsia envolvendo diferentes interpretações acerca de diversos pontos de sua obra. Imbuída de um espírito investigativo e empenhada em compreender melhor tal querela, mergulhei na leitura de textos de diferentes estudiosos da vida e obra vigotskiana: René Van der Veer e Jaan Valsiner, Fernando González Rey, Silvana Tuleski. A propósito, você conhece esses autores?

---

[13] Esse conceito foi abordado pelo autor na obra *A formação social da mente* (VYGOTSKY, 1989).
[14] Esses quatro modos de relação foram abordados na obra *Imaginação e criação na infância* (VIGOTSKI, 2018).

Talita respondeu:

— Ainda não tive a oportunidade de ler nada da maioria desses autores, mas estou interessada. Quem são eles? Eu conheço apenas algumas das ideias de Fernando González Rey.

— Vamos entrar e nos acomodar na sala de aula que eu lhe explico — orientei. — Afinal, creio que será uma longa conversa. Você tem tempo?

— Certamente! Vamos em frente!

Entramos na sala e nos acomodamos. Eu retirei da bolsa um livro de capa roxa; abri na contracapa, entreguei o livro à Talita para que ela pudesse apreciá-lo e comecei a contar:

— Veja, René Van der Veer é um holandês nascido em 1952. Formou-se em Psicologia e Filosofia e estuda a Psicologia Soviética, estando ligado ao Departamento de Educação da Universidade de Leiden. Ele escreveu diversas obras; essa que você está folheando, *Vygotsky: uma síntese* (2014)[15], foi escrita em conjunto com Valsiner, tendo influenciado muitos estudiosos interessados nesse autor em nosso país. Quanto a Valsiner, ele nasceu na Estônia e é contemporâneo de Van der Veer. Doutorou-se em Psicologia, passou a atuar como professor universitário e tem contribuído com pesquisa em diferentes países, tais como o Brasil, os Estados Unidos e a Austrália, além de também ter atuado na Europa.

Abrindo o meu laptop, acrescento:

— Quero mostrar-lhe o site de Fernando González Rey, pois ali há uma foto dele.

Talita senta-se mais perto para poder ver melhor a tela do computador; ao carregar a página, Talita exclama:

— Que sorridente ele está nessa foto! Agora estou me lembrando que eu já havia assistido a uma palestra dele no Youtube, há uns meses.

Conto-lhe então que, quando entrei no mestrado, eu fiquei muito interessada em suas ideias sobre a Pesquisa Qualitativa; insisti muito com a minha orientadora à época, que eu gostaria de desenvolver a minha pesquisa usando a Metodologia de Pesquisa Qualitativa (REY, 2002b) que ele propôs. Posteriormente, tive a grata experiência de poder contar com a presença dele em minha banca de mestrado. Deslizo a página para baixo e, passando os olhos, começo a compartilhar:

— Veja, ele nasceu em 1949 e faleceu em 2019. Psicólogo e educador cubano, contribuiu aqui em nosso país como professor universitário e pesquisador, tendo orientado diversas pesquisas de mestrado e doutorado. É autor de vários livros e artigos ligados ao tema da subjetividade, da Psicologia Histórico-Cultural, e Pesquisa Qualitativa. Cursou o seu doutorado em Psicologia no Instituto de Psicologia Geral e Pedagógica de Moscou e doutorou-se em Ciências pelo Instituto de Psicologia da Academia de Ciências da União Soviética. Ministrou cursos em diferentes países, foi um grande estudioso crítico da obra de Vigotski e desenvolveu a Teoria da Subjetividade.

Retiro outro livro da minha bolsa e o entrego à Talita:

— Este aqui é um dos livros da professora Silvana Tuleski. Ela integra o Departamento de Psicologia da Universidade Estadual de Maringá, aqui no Paraná. Fez mestrado e doutorado em Educação, é autora de diversos outros livros e artigos científicos que abordam direta ou indiretamente as ideias de Vigotski. Foi lendo este livro, *Vigotski: a*

---

[15] Recentemente, Van der Veer (2021) retoma a discussão do livro em um artigo que o atualiza.

construção de uma Psicologia Marxista (TULESKI, 2008), especialmente o capítulo um, que fiquei mais atenta e bastante curiosa acerca das diferentes interpretações que foram feitas da obra vigotskiana no Ocidente.

Talita respirou fundo e comentou:

— Achei interessante o fato de González Rey ter participado de sua banca de mestrado. De todos os autores apresentados, esse é o único com cujas ideias eu já tive um primeiro contato. Além de assistir ao vídeo mencionado, li um livro e um artigo desse autor sobre a clínica na Psicologia Histórico-Cultural, quando elaboramos aquele trabalho para um congresso no meu segundo ano da Faculdade de Psicologia que cursei após a de Pedagogia, você se lembra?

— Ah, sim, é verdade! Eu já ia me esquecendo desse fato!

Lembramos, concordamos, nos alegramos com as boas memórias de aprendizados e laços construídos, e prossigo contando:

— Foi surpreendente descobrir as várias e diferentes interpretações que se fazem presentes atualmente entre os estudiosos das ideias de Vigotski. Parece-me importante destacar ao menos algumas dessas discrepâncias que mais chamaram a minha atenção, e que percebo como relevantes de os educadores e estudiosos iniciantes da obra do autor terem consciência (independentemente do tema a ser estudado).

Comecei a perceber as muitas controvérsias e o imenso território de incertezas que permeiam os trabalhos sobre a vida e a obra desse pensador até o presente momento, mesmo em aspectos muito básicos, a começar pelo local onde ele nasceu (PRESTES, 2010). Concordo com Kozulin (1990) que a vida de Vigotski e de sua obra são ambas surpreendentes. Elas foram marcadas por um contexto histórico bastante atribulado. Da mesma maneira, a "segunda vida do autor", ou seja, a vida de sua obra após a sua morte, através dos estudiosos que têm se dedicado a ela, também o foi, mostrando-se, até os dias atuais, repleta de diferentes nuances interpretativas.

Dessa forma, ao decidir por conhecer um pouco da vida e da obra de Vigotski, trilhei um intrincado caminho a fim de buscar ter uma ideia de quem ele foi e de compreender um pouco das suas ideias. Ao que parece[16], redigir uma autobiografia não foi uma preocupação sua. Foi necessário então, recorrer, para estudo de sua vida, às produções de seus estudiosos, ou mesmo a obras redigidas a seu respeito por membros de sua família.

O razoável parece ser que as diferentes nuances interpretativas que marcam as perspectivas de cada estudioso possam ser conhecidas e trazidas para a apreciação, colocadas como "cartas na mesa", a fim de que o leitor possa, durante a fruição dos textos do autor, ir também se posicionando e assumindo um lugar crítico diante dos textos estudados. É nessa complexa rede intrincada do diálogo intertextual acerca da obra do autor, entre as diferentes leituras que vão sendo realizadas e que conversam (ou não) entre si, que os conhecimentos vão sendo construídos.

Talita interrompe, dizendo:

— Puxa, professora, o que você está apontando é realmente interessante! Geralmente, lemos comentadores acreditando que o que eles falam sobre a obra de um autor é o que de fato o autor quis propor. Mas, no final das contas, pode ser que não seja bem assim!

Eu completo:

— De fato! A sua observação é bastante pertinente. E, algumas vezes, isso passa despercebido pelos estudantes, por exemplo, muitas vezes quando estamos cursando os anos iniciais da graduação universitária. Acho significativo esse alerta!

---

[16] Considerando os estudos que foram realizados até o momento sobre as suas obras.

Prossigo:

— Já no que tange aos escritos vigotskianos, o seu modo de redação foi considerado, por alguns de seus tradutores iniciais, como apontado no prefácio à tradução inglesa do livro *Pensamento e Linguagem* (HANFMANN; VAKAR, 1991), como repetitivo, obscuro, com muitas digressões. Ainda, a bibliografia referenciada, segundo esses prefaciadores, não contemplava o grande número de fontes por ele utilizadas. Observe, Talita, que os próprios tradutores apontam que interferiram no texto ao traduzi-lo, buscando torná-lo mais simples e claro. No prefácio da tradução da obra *A formação social da mente* (VIGOTSKI, 1989) para o inglês, os tradutores expressam terem omitido "as matérias aparentemente redundantes" e acrescido materiais "importantes no sentido de tornar mais claras as ideias de Vygotsky" (JOHN-STEINER *et al.*, 1989, p. X).

Novamente Talita intervém, chocada:

— Sério mesmo que os textos dele sofreram tal interferência? Eu jamais imaginei isso ao lê-los!

Eu complemento:

— Entendo perfeitamente o seu espanto! Foi o que me aconteceu também quando comecei a aprofundar os meus estudos!

Continuo:

— A minha compreensão é a de que toda interferência na obra de um autor deixa suas marcas subjetivas histórica, social e culturalmente forjadas. É importante lembrar, que mesmo a tradução já é, de algum modo, uma primeira intervenção, ainda que consideremos que o tradutor busca ser fiel ao autor.

Nesse sentido, vale compartilhar também com você a concepção de pesquisa que assumo {*e que expliquei na Carta Introdutória da tese, mas que posso retomar de maneira ainda mais clara na partilha com você*}:

Pesquisa é por mim entendida como uma prática narrativa, interpretativa e aproximativa de construção de conhecimentos. Desse modo, não existe "*a*" verdade ou uma única verdade soberana. Todo fato é histórica, social e culturalmente demarcado e é estudado e interpretado por um pesquisador que também é histórica, social e culturalmente forjado em sua subjetividade, sendo que esta faz parte do processo de conhecimento. O pesquisador constrói narrativas sobre o tema que é abordado em sua pesquisa, e não "a" verdade ou a "única" narrativa possível. Cada fato possui múltiplas entradas de abordagem, conforme as ênfases, intenções, interesses ou cosmovisão de cada pesquisador e momento histórico. Os fatos não existem por si mesmos, independentes do olhar daquele que os estudam e os constroem. A produção de conhecimentos por um pesquisador, metaforicamente falando, constitui-se em "um olhar" — uma possível reflexão e/ou problematização acerca do conhecimento, que é múltiplo em suas possibilidades construtivas. Seu estudo é um modo de "montagem" (FONTES, 2006) entre outros diferentes modos de montagem possíveis. O estudo da vida e das ideias de Vigotski pelos diferentes estudiosos ilustra com maestria esse ponto de vista, justamente por suas diferenças de perspectiva e conclusões.

Talita, que quase sempre me chamava de "Profe", interrompe, dizendo: "Profe, será que podemos continuar essa conversa tomando um lanche na cantina da universidade? Esse diálogo está ficando muito intrigante, mas eu estou faminta, pois estou há muitas horas sem comer".

Plenamente de acordo, e sabendo que a nossa conversa provavelmente ainda iria longe, peguei imediatamente minha bolsa e disse: "Já estou pronta. Vamos?"

∞

A dona da cantina, que já nos conhecia, foi logo nos recebendo e dizendo:

— Já sei: a professora que estuda aquele russo de nome complicado e a sua aluna mais dedicada vão querer o de sempre: pão com manteiga na chapa e um cafezinho com leite quentinho. Acertei?

— Isso mesmo! E gostaríamos de uma mesa um pouco afastada do barulho para podermos conversar.

— Claro, professora... Sigam-me!

Acomodamo-nos em uma mesa aconchegante, bem no cantinho do salão, debaixo de uma ampla janela pela qual entrava a luz, e retomamos a nossa conversa. A prosa, da mesma forma, também iluminava as nossas ideias. Talita estava bastante interessada em minhas aventuras de pesquisa. Eu, alquimista de palavras, buscava aprofundar a narrativa. Abri de volta o laptop e, enquanto ele carregava uma página, continuei:

— Talita, à parte das controvérsias dos estudiosos acerca de onde nasceu Vigotski (PRESTES, 2010), eles parecem concordar que ele viveu toda a sua vida na Rússia ou antiga União Soviética, num contexto histórico confuso e complicado. Yasnitsky (2017, p. 457), um estudioso de Vigotski, qualifica-o como "o mais controverso, misterioso, e autocontraditório psicólogo russo". Há muitas lacunas sobre a sua história[17]. Por exemplo, veja esse artigo de Prestes e Tunes. — Aproximo a tela do computador para que Talita possa ler um trecho sublinhado, em que estava escrito:

> Se forem feitas comparações entre textos biográficos publicados na União Soviética, por exemplo, Dobkin (1990), na Argentina, por exemplo, Blanck (2003) e nos Estados Unidos, por exemplo, Kozulin (1990), é possível detectar discrepâncias acerca de fatos importantes da vida e obra do autor. (PRESTES; TUNES, 2011, p. 102-103).

Ela ficou pensativa! Eu, empolgada ao ver o seu interesse, continuei a narrativa, quase sem perceber que estava desembestada a explanar:

— Van der Veer e Valsiner (2014, p. 27), em seus estudos de Vigotski, caracterizaram a sua forma de ser e me ajudaram a ter ao menos uma ideia de como era o nosso autor. Eles usam as seguintes qualidades para falar de sua personalidade: gentileza, atenção, sensibilidade, ternura, modéstia, tato na relação com as pessoas, sinceridade, caloroso, sensível, profundamente sério e observador; afirmava-se que ele tinha o dom da oratória, tinha senso de humor e era sarcástico e incisivo.

Uma carta escrita para o seu aluno Levina, reproduzida (em partes) no referido livro de Van der Veer e Valsiner (2014, p. 29), ilustra muito bem o apreço profundo de Vigotski para com as artes e dá mostras de sua sensibilidade. Dada a importância que percebo nesse documento, Talita, vou pedir licença para poder lê-la na íntegra a você (apesar de um pouco extensa), pois ilustra muito bem a nossa discussão sobre a personalidade de Vigotski.

Peguei o livro na bolsa, coloquei novamente os meus óculos, localizei a página em que estava a carta e comecei a ler, pausadamente.

Talita fitou atentamente os olhos, como quem coloca todo o corpo a escutar.

Continuei:

— Ele escreve:

---

[17] Há obscuridades referentes a coisas muito básicas, como o lugar onde ele nasceu (como já mencionado) e a mudança da grafia do seu nome, antes grafado com "d" e que passa a ser grafado com "t".

Agora, quanto a um outro tema sobre o qual você escreve. Sobre desarmonias interiores, a dificuldade de viver. Acabei de ler (quase por acaso) *Três anos*, de Tchekov. Talvez você também devesse lê-lo. Isso é a vida. Ela é mais profunda, mais ampla do que sua expressão exterior. Tudo nela muda. Tudo torna-se diferente. A principal coisa — sempre e agora, parece-me — é não identificar a vida com sua expressão exterior, e isso é tudo. Depois, escutando a vida (esta é a virtude mais importante, uma atitude relativamente passiva no começo), você encontrará em si mesmo, fora de você, em tudo, tanto que nenhum de nós tem condições de acomodar. Claro que não se pode viver sem dar, espiritualmente um sentido à vida. Sem a filosofia (a sua própria filosofia de vida pessoal), pode haver niilismo, cinismo, suicídio, mas não vida. Mas todos têm sua filosofia, é claro. Aparentemente, você tem de amadurecê-la em si mesmo, dar-lhe espaço dentro de você, porque ela conserva a vida em nós. Depois, há a arte, para mim — poemas, para outros — música. Depois, há o trabalho. Quantas coisas podem incitar uma pessoa à procura da verdade! Quanta luz interior, calor e apoio, existe na busca em si! E, então, há o mais importante — a própria vida -, o céu, o sol, amor, pessoas, sofrimento. Isto não são simplesmente palavras, isto existe. É real. Está entrelaçado na vida. As crises não são fenômenos temporários, mas a estrada da vida interior. [...] estou convencido disso, todos nós, quando olhamos para nosso passado, vemos que estamos secando. Isto é correto. Isto é verdadeiro. Desenvolver-se é morrer. Isto é particularmente forte em épocas críticas — com você, e novamente na minha idade. Dostoiévski escreveu com horror sobre o ressecamento do coração. Gogol de forma ainda mais horrorizada. É na verdade, uma 'pequena morte' dentro de nós. E é assim que temos de aceitar. Mas, por trás de tudo isso, está a vida, ou seja, movimento, viagem, seu próprio destino (Nietzsche ensinou o *amor fati* — o amor por nosso destino). Mas já comecei a filosofar...

Vygotsky apud Van der Veer e Valsiner (1996, p.29) em carta para Levina, datada de 16 de julho de 1931

Quando eu finalizo a leitura, peço uma água para molhar a garganta. Talita, que estava absolutamente atenta, mexe-se na cadeira onde estava sentada. Seu semblante mostra-a concentrada. Ela observa ativamente:

— Nesta carta, escrita de maneira profundamente sensível, o autor não apenas mostra-se um consumidor da arte e filosofia, como recomenda-as para a lida com problemas existenciais. Isso é muito interessante!

— Isso mesmo, ótima observação! — eu acrescento. — E esse último aspecto me parece muito peculiar. Não encontrei em outros textos que discutem as ideias desse autor nenhuma citação parecida (embora saibamos, é claro, que nem todos os seus escritos já foram publicados, e há com certeza ainda muito por conhecermos nos próximos anos com novas publicações que certamente virão a partir dos vários estudos atuais que estão ocorrendo).

Talita complementa:

— Também outro aspecto apontado no texto que chama a atenção é o fato de Vigotski destacar a questão de a vida ser mais ampla de que a sua expressão exterior. Parece que, aqui, ele evidenciou um sentido simbólico e subjetivo da existência.

Prossigo animada, historiando...

— Vigotski tinha 21 anos quando terminou os seus estudos universitários em 1917 (ROLDÃO; CAMARGO; DIAS, 2019). Formou-se em Direito na Universidade Imperial de Moscou, e em História e Filosofia na Universidade do Povo de Shanjavsky (VAN DER VEER; VALSINER, 2014). No final desse ano, ele voltaria para junto aos seus familiares em Gomel, cidade de onde partira para Moscou a fim de ingressar em seus estudos universitários (VAN DER VEER; VALSINER, 2014). Na Rússia (1917-1922), esse foi o conturbado período da Guerra Civil (MARIE, 2017). Foi nesse contexto histórico, mais precisamente em 1919, que ele iniciou a sua carreira como professor de Psicologia. Jamais abandonou os seus estudos nessa área até o final de seus dias (PRESTES; TUNES, 2011).

Vigotski viveu sob o signo da guerra e dos seus sentidos e significados, com implicações na vida e cultura. Foi nesse período que ele publicou vários escritos relacionados às artes e sustentou um dedicado interesse por essa parte da cultura (VIGOTSKI, 1998, 1999b, 1999c). Produziu resenhas literárias, artigos de crítica teatral, e resenhas de livros que surgiram em 1916 e 1917, todos pertencentes ao simbolismo russo[18] (VAN DER VEER; VALSINER, 2014).

Van der Veer e Valsiner (2014, p. 7) apontam-no como um "[...] acadêmico-literário (que se tornou psicólogo) russo-judeu". Ele era o segundo de oito filhos de uma família judia bastante culta. É nesse sentido que se pode compreender as várias citações da Bíblia feitas em sua obra. Segundo os referidos autores (VAN DER VEER; VALSINER, 2014, p. 18), seu interesse por poesia manifestava-se em especial para com as "[...] de Pushkin e de Heine (mais tarde, de Gumilyov, de Mandel'shtam e de Pasternak)".

Minick (2002, p. 59) entende que as ideias de Vigotski estão "à frente de nosso tempo". Kozulin (1994, p. 14) refere-se metaforicamente à vida de Vigotski como uma "vida de novela."

---

[18] O Simbolismo Russo (1890-1910) foi um movimento que trouxe o florescer da poesia, considerada a primeira das artes, por meio da qual o verbo primordial, ou o Absoluto (Deus) por meio dela se manifesta. Esse movimento, que era ao mesmo tempo estético e místico, trouxe a renovação cultural para a Rússia desse período (1890-1910). Seu nome teve com certeza a influência do Simbolismo Francês, mas a sua influência geral no movimento russo não foi demasiada, considerando que muitos simbolistas russos não tinham conhecimento das produções dos simbolistas franceses. Na Rússia, o Simbolismo foi também uma espécie de filosofia que observava o mundo através de um sistema simbólico. Nesse contexto, Deus era o representante máximo da beleza, e o poeta era uma espécie de seu mensageiro. Buscava-se também aproximar a poesia e a música. Alguns dos grandes poetas representantes desse movimento, que vai até a primeira década do século 20, são: Blok, Balmont, Biély, Briussov, Ivánov e Sologúb. O movimento entrou em colapso ao final de 1910, por uma "overdose" de misticismo e abstração no trato da arte (CAVALIÉRE; VÁSSINA; SILVA, 2005).

Pego o livro de Kozulin em minha sacola, aproximo-o de Talita e, abrindo-o, aponto para um trecho. Solicito:

— Veja o que ele escreveu. Leia este trecho sublinhado.

Ela toma o livro em suas mãos e começa a ler:

— "A vida de Vigotski apresenta uma notável qualidade literária, que às vezes costuma recordar a vida dos heróis da literatura de Thomas Mann, Hermann Hesse ou Boris Pasternak" (KOZULIN, 1994, p. 14, tradução nossa).

Ao terminar, ela acena com a cabeça e gesticula com o rosto, como quem sinaliza um espanto sutil. Devolve-me o livro. Eu digo:

— O mesmo autor observa que ele se revela como um humanista de espírito livre.

Abro então o livro novamente e retomo a leitura, apontando no texto que, para ele, "[...] a psicologia não era nem apenas uma ocupação, nem uma área de curiosidade intelectual, mas, sim, um meio para refletir sobre as questões da existência humana. Nesse sentido ele foi essencialmente um pensador" (KOZULIN, 1990, p. 14).

Comento que Kozulin enfatiza a versatilidade de fontes intelectuais com as quais Vigotski estabeleceu um diálogo e a polivalência de suas áreas de atuação. Aponto:

— Na mesma linha reflexiva de Rey (2012), Kozulin (1994) vai enfatizar que os escritos de Vigotski quase nada têm a oferecer no que tange a respostas acabadas a questões científicas.

Talita me olha, dá um suspiro e um sorriso, como quem se mostra impressionada (ou talvez afetada?) pela intensa personalidade de nosso autor. Eu olho para ela e pergunto:

— Devo continuar?

Ela abre um sorriso e diz:

— Por favor, vamos em frente! Me sinto entusiasmada com tal intensidade de vida!

Continuo, e destaco:

— Há ainda outros aspectos em sua vida que mais me atraem! — chamo a atenção, sinalizando: — Observe, Talita. A Psicologia Histórico-Cultural é possivelmente a parte da obra vigotskiana mais ampla e tradicionalmente conhecida (REY, 2012) e, talvez, a mais influente em nosso país na área da educação. Contudo, antes da consolidação de sua teoria da formação cultural da psique humana, o autor deu ampla contribuição à área das artes. Ele foi muito ativo na vida cultural de Gomel, desempenhando nela diferentes papéis em diferentes momentos de sua história de vida. Foi secretário e fundador de revista, cofundador de editora e biblioteca (VAN DER VEER; VALSINER, 2014; JEREBTSOV, 2014); deu palestras e aulas sobre os mais diversos temas, tais como: estética, história da arte, literatura e lógica; organizou as segundas-feiras literárias (onde eram discutidas obras de escritores e poetas clássicos e modernos); escreveu vários pequenos escritos (resenhas de livros e peças teatrais), bem como artigos; e nos legou a construção de sua obra *Psicologia da Arte* (VAN DER VEER; VALSINER, 2014).

Talita observa:

— Ouvi dizer que Vigotski foi profundamente influenciado pela chamada "era de prata da cultura russa"[19]. É verdade?

---

[19] De acordo com Veresov (2005) e Wedekin e Zanella (2013), a Era de Prata da cultura russa refere-se a um período no início do século 20 em que se manifestou um grande renascimento nas artes e na cultura no Império Russo. Ela foi abortada por ocasião de 1917.

— Parece que sim. Devido à sua ampla formação e envolvimento cultural, é característico da sua obra um diálogo com as manifestações culturais desse contexto. Autoras como Wedekin e Zanella (2013) apontaram que esse arcabouço de base influenciará, posteriormente, as suas construções teóricas, e se fará notar em seus escritos, conjuntamente com a filosofia principal dessa época, o materialismo histórico e dialético. Você tem ainda algum tempo, Talita? Podemos aprofundar um pouco essa conversa?

— Sim, com certeza!

Retomei diligentemente a narrativa:

— Percebemos que Vigotski, que era amante das artes e já escrevia críticas de arte desde a juventude, vai, aos poucos, iniciando, entretanto, a sua aproximação com a área da Psicologia. Assim, esse fato marcará toda a sua carreira posterior e resultará em importantes contribuições para a área, mas, também, redimensionará o seu olhar e o investimento anteriormente realizado em estudos no campo das artes. O tema das artes e outros que haviam recebido maior atenção nesse momento inicial de sua obra passarão, como num jogo de figura-fundo, a ser fundo, ganhando um segundo plano, e gradativamente receberão menos atenção, em prol de outros temas da Psicologia.

O seu trabalho nessa área de conhecimento culmina em importantes contribuições científicas apresentadas em 1924, no II Congresso Russo de Psiconeurologia. Tal participação deu visibilidade para os seus estudos, resultando em um importante convite feito por Kornilov (que foi discípulo e substituto de Chelpanov como diretor do Instituto de Psicologia de Moscou a partir de 1923, e grande difusor de uma Psicologia fundada epistemologicamente nos pressupostos do materialismo histórico e dialético) para que ele passasse a integrar a equipe do Instituto de Psicologia Experimental de Moscou (VERESOV, 2005; IVIC, 2010; PRESTES; TUNES, 2011; REY, 2017).

É nessa fase propriamente dita que Vigotski constrói então a Psicologia Histórico-Cultural. Assim, outros temas passam a ser o foco de suas reflexões, ficando o tema da arte menos relevante nessa etapa da sua história de vida. O livro *Psicologia da Arte* é finalizado em 1925, e somente próximo à sua morte é que Vigotski vai publicar outro livro importante relacionado ao tema da imaginação e da arte na infância (VIGOTSKI, 2009, 2018; VIGOTSKY, 1999; VYGOTSKY, 2014), em que essa relação entre a Psicologia e a atividade artística e/ou criativa é retomada.

Talita movimenta seu corpo em uma posição de fechamento e seu semblante se torna reflexivo, como quem se concentra profundamente em seus pensamentos, tentando acompanhar a minha tessitura.

Prossigo atenciosamente, narrando...

— Assim, ainda que já pudessem estar presentes em seu pensamento e seus escritos algumas das sementes da Teoria Histórico-Cultural, conforme Van der Veer e Valsiner (2014) apontam, é por volta de 1928 que Vigotski passa a esboçar a sua teoria. Para eles, é nessa época que o seu pensamento adquire um caráter mais original, embora instigado por pensadores europeus. Nesse sentido, esses autores apontam que Vigotski discute ideias da escola da Gestalt[20], bem como assinalam o diálogo de Vigotski com Ach e Piaget[21]. Destacam, também, a relação amistosa e uma certa admiração

---

[20] A forma de aproximação de Vigotski com os gestaltistas tem sido também um tema polêmico. Uma pequena mostra pode ser vista na resenha de Costa (2016).
[21] Para um aprofundamento das ideias que sustentam esse debate, o leitor pode remeter-se ao volume dois das *Obras Escogidas*, especificamente a primeira parte: "*Pensamiento e Lenguaje*" (VIGOTSKI, 2013). Em português, a obra *Pensamento e Linguagem* (VIGOTSKI, 2008).

pelo trabalho um do outro desenvolvidas entre Vigotski e Lewin, e observam que alguns dos estudantes de um e outro puderam intercambiar parcerias de trabalho[22].

Emendo:

— Vale destacar ainda que Vigotski foi um autor que dialogou de maneira profícua, em seus escritos, com os autores das principais teorias psicológicas de sua época — uma característica central em seu estilo narrativo e que pode ser amplamente observada na materialização concreta de seus textos. Estudando, por exemplo, as *Obras Escogidas* (VYGOTSKI, [1982/1983] 2001), *Psicologia da Arte* (VIGOTSKI, [1965] 1999b), *Imaginação e Criação na Infância* (VIGOTSKI, [1930] 2018) e *Imaginação e criatividade na infância* (VYGOTSKY, [1930] 2014), percebemos que ele, ao abordar um tema de estudo, recorre de modo característico ao *caminho epistemológico do diálogo*: discute as ideias de muitos teóricos que adotam diferentes pontos de vista; retoma-os; analisa-os e discorre a respeito deles para, na sequência, posicionar-se em relação a tais ideias e apontar a sua peculiar forma de encarar o assunto; e finaliza apresentando a sua posição própria com relação ao tema em questão. É importante lembrar que as obras de Vigotski que hoje temos à nossa disposição não foram, em sua grande maioria, escritas como livros linearmente organizados numa narrativa coesa com início, meio e fim. A maioria de suas obras foi organizada pela junção de escritos avulsos, acomodados pelos seus organizadores. Muitas vezes, os textos que compõem tais livros foram escritos em diferentes momentos históricos da vida e construção teórica do autor, *dificultando a visão e compreensão de sua obra como um sistema*.

Talita arremeda:

— Esta semana, ouvi um professor dizendo que Vigotski foi um teórico fecundo, cujas ideias podem ser observadas em movimento e desenvolvimento contínuo durante toda a sua existência.

— Concordo com essa observação também, Talita! Nesse sentido, posso partilhar com você que me foi útil conhecer de maneira antecipada (antes de mergulhar em algumas de suas obras selecionadas) um pouco desse movimento evolutivo que marca a construção das ideias teóricas propostas por ele. Isso me possibilitou obter uma melhor aproximação para a seleção dos escritos a serem estudados em minha pesquisa e uma melhor compreensão da organização da sua obra como um todo.

Justifico:

— É comum observar que, em diferentes períodos da sua escrita, ele adota posicionamentos diferenciados, por vezes até um pouco contraditórios, dentro desse movimento evolutivo. Nas palavras de Rey (2012, p. 5): "A obra de Vigotski representa um sistema de pensamento, com múltiplos detalhes e desdobramentos difíceis de serem apreciados sem que se acompanhem seus diferentes momentos e contextos".

Por esse motivo, Talita, vou pedir para que possamos fazer uma pequena pausa em nosso diálogo. A hora já se faz tarde; conversamos por longas horas e me sinto exausta. Que tal marcarmos um novo café lá em casa na semana que vem e retomarmos nosso diálogo na sequência? Você está de acordo? Proponho tal parada, pois vou precisar de sua atenção concentrada quando retomarmos e ainda quero pesquisar algumas questões antes de aprofundar o assunto com você. Perscrutaremos essa questão da periodização do trabalho intelectual vigotskiano.

---

[22] Para maiores detalhes, ver a Introdução da parte III do referenciado livro de Van der Veer e Valsiner (2014). Os autores deixam claro que Vigotski não concordava integralmente com as ideias de seu colega Lewin, buscando inclusive refutar algumas delas por meio da realização de experimentos. Ou seja, tal como aconteceu com outros vários autores, cujas ideias Vigotski apreciou até determinado ponto, discordando em outros aspectos, e propondo posteriormente a respeito deles o seu próprio ponto de vista. Isso não anula, porém, a influência das ideias desses autores para o desenvolvimento das ideias próprias de Vigotski.

Talita locuciona:

— Toda informação que me possa ser útil a uma aproximação às ideias desse autor com vistas à organização posterior de um projeto de pesquisa me interessa. Ponho-me plenamente de acordo com a sua proposta! Quero estar descansada para me manter atenta quando aprofundarmos esse assunto.

Na semana seguinte...

Retomamos o nosso diálogo. Recebo Talita em casa. Conforme ela vai adentrando, eu explico à minha interlocutora que, ao buscar compreender, a partir de uma visão ampla da obra de nosso autor, o movimento que marca a sua produção, pesquisei em minha biblioteca se já alguns autores haviam trabalhado em torno dessa questão em seus estudos da obra vigotskiana. Sinalizando, menciono:

— É importante — como diz o ditado popular — "não reinventar a roda"; afinal, se outros já fizeram esse trabalho, podemos colocar a nossa energia em outras investigações e nos beneficiarmos do caminho já trilhado por aqueles pesquisadores que vieram antes de nós.

Conto que, examinando os meus livros e pastas com artigos impressos, encontrei em minha estante alguns textos que me foram fundamentais para nos ajudar nessa compreensão. Os escritos que nos acompanharão nesse percurso são da autoria de alguns estudiosos de Vigotski: Rey, Minick e Veresov.

Na biblioteca de minha casa, acomodamo-nos então, eu e Talita, numa mesa que ficou abarrotada com textos desses autores. Conforme eu ia narrando descobertas com as minhas pesquisas no final de semana, ia mostrando para a minha colocutora alguns detalhes, lendo trechos do próprio texto para concretizar melhor a minha explanação, enquanto ela às vezes ouvia atenta, noutras me interrogava. Retomei a narrativa com uma caneta na mão e uma folha de papel em branco, na qual eu ia rabiscando algumas ideias-chave, enquanto narrava:

— Rey (2011, 2012) entende que o trabalho de Vigotski, se tomado em sua totalidade, pode ser divido em três momentos. O critério adotado por ele para a divisão de cada um dos momentos não é cronológico, definindo claramente espaços temporais separados, mas baseia-se sim em conjuntos de ideias que se relacionam e se interpenetram de diferentes modos e em diferentes momentos e que definiram representações diversas sobre a psique na obra vigotskiana (REY, 2012, p. 4).

Anoto na folha: 1915 a 1928.

Explico:

— O primeiro momento apontado por ele vai de mais ou menos 1915 a 1928 e é caracterizado por abordar temas tradicionais da Psicologia de modo completamente diferente, tais como: emoção, imaginação, fantasia, personalidade, motivação. Nesse momento, ocupa-se do caráter generativo da psique e da psique como sistema.

Continuo anotando:

— 1928 a 1931. O segundo momento mostra um Vigotski que abandona esses temas trabalhados inicialmente para dedicar-se à questão da mediação do signo, uma visão objetiva do ser humano, que destaca o caráter operacional das funções psicológicas. Ele dedica-se ao tema da cognição e da internalização, aparecendo a psique como fruto da internalização de operações externas. Esse momento vai de mais ou menos 1928 a 1931. O terceiro e último momento, 1932 a 1934, diz respeito aos últimos anos de vida e produção do autor. Neste, ele retoma vários dos temas inicialmente trabalhados na primeira etapa como a relação cognição e emoção, o caráter generativo da psique, e a psique como uma unidade ou sistema; e desenvolve o conceito de sentido.

Fazendo uma anotação no papel, para destacar e chamar a atenção de Talita, indico:

— Sobre essa divisão realizada por Rey (2011), quero chamar a sua atenção para a data de demarcação do segundo momento (1928-1931), pois o autor coloca como característica dessa etapa o abandono da ideia de psique como um sistema.

Abrindo um livro e buscando um capítulo para mostrar à Talita, continuo:

— Contudo, observe que um dos mais importantes textos de Vigotski, que põe em destaque a psique como um sistema, a saber, *Sobre los sistemas psicológicos*, foi publicado em outubro de 1930. Isso consolida a observação de Rey de que "em cada um destes momentos coexistem obras acentuadamente contraditórias" (2012, p. 4) e temas difíceis de serem definidos em um único momento específico. Daí que destaco minha concordância com Rey acerca da grande dificuldade da realização de uma separação e definição de etapas rigidamente estabelecidas da obra vigotskiana. Mas, paradoxalmente, afirmo que conhecer como mais ou menos se dá a evolução dos interesses de Vigotski por determinados temas em certos períodos, pode ser interessante para pesquisadores que elejam alguma temática específica para estudo dentro do conjunto da obra do autor.

Talita me olha, intrigada.

Eu prossigo:

— Rey (2012, p. 4) descreve a obra vigotskiana como "[...] um sistema contraditório, vivo e em desenvolvimento, e não como uma sequência regular de categorias e de momentos harmoniosos entre si"; ele entende a obra vigotskiana como rica, contrastante e inconclusa e, por isso, abrindo muitas diferentes possibilidades de leituras e continuidade a serem dadas às suas ideias (REY, 2011, 2012). Esse aspecto pode ser interpretado por alguns estudiosos como um limite e, por outros, pode também ser visto como uma possibilidade em aberto ou como um recurso de inteligibilidade[23] (REY, 2012). Contudo não deixa de ser mais um desafio no processo de estudo desse autor russo.

Destaco:

— Rey (2012) explicita que a sua organização dos diferentes momentos da obra vigotskiana aproxima-se da organização de suas ideias feita por Leontiev, com a diferença de que este dá destaque ao papel da atividade no trabalho de Vigotski, enquanto ele destaca a importância da primeira etapa do trabalho desse autor.

Talita indaga:

— E o que dizem os textos dos outros dois autores por você anteriormente mencionados?

Para respondê-la, pego um outro livro e aponto:

— Quem nos acompanhará agora é um texto de Minick (2002). O referido autor, tomando por base os construtos utilizados por Vigotski como unidades analíticas e princípios explanatórios colocados ao longo de seu trabalho, também o classifica em três etapas; porém marca como referência datas diferentes de Rey em sua classificação. Ele parece interessado em estudar um período diferente que marca o desenvolvimento das ideias do autor (1925 a 1934) e, no

---

[23] Rey (2012) destaca que "os recursos conceituais refinados, que nos permitem propor novos caminhos e interpretações sobre um autor, implicam anos de reflexão e construção, e constituem a única maneira de manter um legado na mobilidade da vida" (p. 8).

seu capítulo de livro, utiliza os termos "etapa" e "fase" para delimitar esses diferentes momentos no desenvolvimento das ideias de Vigotski (termos estes que não são adotado por Rey [2012]).

Talita interrompe, dizendo:

— Deixe-me anotar aqui neste papel. Me alcance aquela caneta, por favor.

Passando a caneta a ela, continuo:

— Vamos conhecer a categorização de Minick (2002). Você já teve algum contato com suas ideias anteriormente?

Ela balança a cabeça, sinalizando que não.

Eu abalizo:

— A primeira fase é demarcada por ele de 1925 a 1930, quando Vigotski concentra-se no que Minick chamou de "ato instrumental". Nesse período, Minick aponta que Vigotski se foca na atividade mediada por signos, trabalhando especialmente a linguagem; interessa-o como os signos são usados como ferramentas para controlar o comportamento. O autor localiza a segunda fase iniciando-se em 1930, tendo como marco uma conferência realizada em outubro daquele ano, quando, segundo Minick, ele muda o foco de seus estudos para o "sistema psicológico" como unidade analítica. Aqui, a ênfase está não no estudo das funções mentais, mas sim das relações entre elas, incorporadas em um sistema psicológico (envolvendo duas ou mais funções). A terceira e última fase vai de 1933 a 1934, quando, em seus escritos, ele "tentou explicar o desenvolvimento psicológico em termos da diferenciação e do desenvolvimento de sistemas sociais de interação e ação em que o indivíduo participa" (MINICK, 2002, p. 32-33). Segundo esse autor, nessa etapa ele diminui sua ênfase na relação entre as funções mentais específicas e sua organização em sistemas psicológicos, dando ênfase às interações. Minick, nesse mesmo texto citado, destaca que há um fluxo entre essas fases, não rupturas bruscas, e que raramente Vigotski abandona conceitos; o que ele costumava fazer era redefini-los para integrá-los em seu sistema de ideias mais amplo.

Destaco:

— Cabe observar que, nessa classificação de Minick (2002), toda a primeira etapa do trabalho de Vigotski, antes de estar mais diretamente ligado à Psicologia, como os seus escritos referentes às artes, mesmo os seus escritos em revistas, sobre questões de seu tempo (as questões da Revolução e as questões judaicas) são deixados de fora — não apenas não são enfatizados, mas são completamente ignorados. Outro destaque é que Rey (2012) aponta que, no último momento do trabalho de Vigotski (de 1932 a 1934), ele retoma o tema da psique como unidade ou sistema. Já Minick demarca que, nessa etapa (que, para ele, vai de 1933 a 1934), Vigotski aponta para trabalhos relacionados ao desenvolvimento psicológico em termos de diferenciação e desenvolvimento de sistemas sociais de interação e ação. Esse autor não destaca a retomada de conceitos que já haviam sido anteriormente abordados por Vigotski (até porque ele considera como a primeira etapa de 1924 a 1930, um período mais tardio do que Rey, que a data de 1915 a 1928). São duas demarcações diferentes sobre a trajetória de desenvolvimento do pensamento de Vigotski.

Aponto:

— Temos ainda uma outra leitura dessa periodização, a de Veresov (2005), que vai enfatizar a questão marxista nesses diferentes momentos. Ele também divide a obra vigotskiana em três períodos, sendo que, o autor aponta que em cada um deles, Vigotski aborda a questão marxista de modos diferentes. O primeiro período, que foi chamado de pré-clássico, vai de 1917 a 1924. Três obras desse período são destacadas por ele como importantes: *Psicologia Pedagó-*

gica, Psicologia da Arte e *Métodos de Investigação Reflexológica e Psicológica*. Este último foi o trabalho apresentado no II Congresso Russo de Psiconeurologia em 1924, posteriormente publicado em 1926. Para Veresov (2005), foi a postura marxista de Vigotski nesse trabalho e sua intenção de realizar a construção de uma teoria materialista monista da consciência, cujos fundamentos estivessem na reflexologia, que chamou a atenção de Kornilov, que buscava construir e disseminar uma psicologia marxista, atraindo ao redor da sua pessoa diversos jovens psicólogos implicados com tais ideias. Contudo, para Veresov (2005), Vigotski logo percebeu que o conceito de reflexo não seria adequado como conceito central da Psicologia.

Liguei o ventilador; fazia muito calor e já estávamos há horas mergulhadas nos livros conversando. Tomei um gole de água para molhar a garganta e prossegui minha explanação:

— De acordo com o referido autor, o segundo estágio do pensamento de Vigotski vai de 1925 a 1927. Dois trabalhos se destacam: A Consciência como problema na Psicologia do Comportamento (1925) e *O Significado Histórico da Crise na Psicologia* (1927). Especialmente este último trabalho é apontado por Veresov (2005) como um divisor de águas entre as obras de Vigotski do momento anterior e as ideias da Psicologia Histórico-Cultural que surgirão a partir dali. Para esse autor, seria inútil buscar uma Teoria Histórico-Cultural antes de 1928. Ainda fundamentado nesse último trabalho anteriormente referenciado, Veresov (2005) destaca algo bem importante: entende que a ideia de Vigotski era encontrar na natureza os princípios dialéticos, e não o contrário (impor-lhes uma compreensão da natureza). Essa ideia é importante, Talita, pois sabemos que outros pensadores vão propor ideias diferentes sobre a compreensão da natureza, como Edgar Morin, que propõe a dialógica e percebe na vida a expressão da complexidade — ou seja, não a superação dos contrários, mas a sua coparticipação na vida, apostando na complexidade organizacional, na tensão e integração organizadora, e acolhendo a ideia de complementariedade[24].

Destaco:

— Retomando... Observemos que o período final, nessa leitura de Veresov (2005) acerca da obra vigotskiana, vai de 1927 a 1934. É nesse momento que, na sua concepção, a Psicologia Histórico-Cultural será de fato desenvolvida. Essa periodização desenvolvida nesse texto de Veresov busca destacar, conforme fica explícito já no título do artigo, uma discussão acerca dos aspectos marxistas e não marxistas na obra vigotskiana. O autor vai problematizar essa questão, trazendo para a discussão vários aspectos que apontam para a presença de ideias marxistas na obra vigotskiana. Assinala também argumentos contrários e ainda não discutidos nas leituras dessas obras. Por exemplo, aponta que a influência das ideias de Gustav Shpet e da filosofia idealista sobre Vigotski não foi debatida na literatura russa. Veresov, após sua ampla argumentação sobre os elementos marxistas e não marxistas presentes nas construções teóricas de Vigotski, indica que, como filho de seu tempo, Vigotski sofreu várias outras influências sobre a sua escrita para além dos próprios elementos marxistas que aparecem em seus escritos. Concretamente, Veresov (2005, p. 45) aponta que a ideia da gênese social da mente, ou do signo como ferramenta psicológica, podem estar fundamentadas em autores como "Shpet, Florensky, Blonsky, Sorokin e Meierhold". Ainda, ele entende que, devido ao momento político que marcava o contexto de vida de Vigotski, este não ousou fazer menção a alguns desses nomes, estando, entretanto, familiarizado com as ideias deles e deixando suas vozes serem escutadas e misturadas à sua própria voz em

---

[24] Em *Meus Demônios* (2013, p. 59, grifo nosso), Morin escreve: "O que estava abandonada para sempre era a síntese eufórica. Eu me tornei alérgico ao impudor dialético. Mas o que era mais forte que nunca era a necessidade do duro enfrentamento das contradições. [...] Minha maior aquisição foi compreender que o pensamento não pode ultrapassar contradições fundamentais, e que o jogo dos antagonismos, sem *necessariamente* suscitar síntese, é em si mesmo produtivo".

suas construções teóricas. Afirma também que o marxismo não era, para Vigotski, uma espécie de *"holy cow"*, ou "vaca sagrada", tendo ele diferentes abordagens acerca do que seria uma Psicologia Marxista nos três diferentes momentos criativos do desenvolvimento de suas ideias.

Quero apontar também, Talita, que Yasnitsky (2017), em seus estudos de Vigotski, destaca diferentes pilares de influência na construção das ideias do autor. Um dos pilares da base axiomática de Vigotski também seria o engajamento dele nessa estrutura filosófica oficial que fundamentou a grande maioria das pesquisas científicas na área de humanidades na União Soviética, a filosofia do marxismo. Os outros dois pilares, segundo esse autor, são os interesses de Vigotski pelas artes, literatura, linguagem e cultura; e a crença de uma transformação social radical, que estava presente no "contexto da cultura utópica" (YASNITSKY, 2017, p. 459) que vigorava naquela época. Nesse aspecto, observamos que as ideias desse autor estão em concordância com o que também apontaram Wedekim e Zanella (2013). Yasnitsky (2017) destaca que Vigotski não aplica de maneira direta as ideias marxistas à Psicologia, mas toma emprestado do marxismo certos *princípios* que ele entende contribuir na lida com alguns problemas nas ciências humanas que por ele foram apontados.

Também Rey (2017) e Van der Veer e Valsiner (2014) sinalizam em suas obras que Vigotski não faz uma "Psicologia Marxista", mas utiliza-se de algumas ideias marxistas para construir a sua própria Psicologia.

Tomo novamente em mãos o livro de Van der Veer e Valsiner (2014) para ler um trecho à Talita:

> A dificuldade específica da aplicação do marxismo a novas áreas; o estado particular atual dessa teoria; a imensa responsabilidade do uso desse termo; a especulação política e ideológica em sua base; tudo isso não permite que uma pessoa de bom gosto diga "psicologia marxista" atualmente. É melhor deixar que outros digam que nossa psicologia é marxista do que rotulá-la assim nós mesmos; vamos usá-lo [marxismo] com realidade e ter calma com as palavras. Afinal, a psicologia marxista não existe ainda, ela tem que ser compreendida como uma tarefa histórica, não como algo concretizado. Na situação atual, é difícil eliminar a impressão da falta de seriedade e irresponsabilidade científica do [uso desse] rótulo. (VAN DER VEER; VALSINER, 2014, p. 154).

— Como você pôde perceber, Talita, não existe uma concepção única acerca dos diferentes momentos que marcam a obra vigotskiana. Da mesma maneira, a partir de Veresov (2005) é possível levantar uma discussão acerca de concepções diferentes do marxismo em diferentes momentos da obra vigotskiana, bem como problematizar traços de ideias paradoxais ao marxismo e advindas de autores não marxistas, influentes de alguma maneira em alguns escritos vigotskianos.

Aprendi com minha pesquisa que estudar a obra vigotskiana constitui um empreendimento que pede dedicação e tempo. Minha orientadora destaca que "a obra de Vigotski é complexa e aberta a muitas leituras" (CAMARGO, 2019, p. 9). Nas palavras de Rey (2012, p. 5), entendo que estes são os "diferentes ângulos a partir dos quais o autor é lido".

Talita expõe:

— Isso me parece mesmo um desafio para uma vida toda!

Eu dilato:

— Identifico ainda outros desafios no estudo da obra desse autor. Por exemplo, toda a sua obra foi escrita na sua língua de origem. Há, assim, alguns obstáculos a serem superados pelos estudiosos que não leem e nem falam a língua russa, bem como nunca residiram na região onde ele viveu e/ou tiveram contato com pessoas próximas a ele ou ao menos com a cultura daquele local. Essas duas barreiras, a linguística e a cultural, precisam ser enfrentadas, e é importante a adoção de estratégias que possibilitem a sua minimização.

A sugestão de Aslanov (2015) ao escrever sobre tradução, é de que, se não for possível fazer determinada leitura de um texto na língua original, que se façam leituras de diferentes traduções da obra (quando possível). Apoiada nessa indicação, busquei dirimir dificuldades a partir de um mergulho em diferentes traduções disponíveis no que tange ao material selecionado entre as suas obras a serem pesquisadas[25] no estudo por mim desenvolvido e de acordo com o tema em questão, a saber: a imaginação. Também busquei entrar em contato com diferentes meios de divulgação da cultura russa referente ao período em que Vigotski viveu. Com isso, busquei uma ambientação para maior apreensão e compreensão da vida e obra desse autor, intentando minimizar um pouco os distanciamentos culturais na compreensão das ideias trazidas por ele.

Contudo, para além dos embaraços referentes à cultura na qual o autor viveu e a língua na qual sua obra foi redigida, segundo algumas autoras (PRESTES; TUNES, 2012; PRESTES, 2014; TOASSA, 2016), seus escritos sofreram modificações, como cortes e mudanças de palavras, bem como retiradas dos nomes de alguns autores, para que pudessem ser publicadas já em seu país, onde havia forte censura, especialmente no período stalinista[26]; também são inexplicados os motivos da não publicação de grande parte de suas obras na União Soviética até o início de 1980[27]. Esses aspectos já foram anteriormente discutidos (YASNITSKY; VAN DER VEER, 2016) e aponto que podem ser acessados por você posteriormente, caso tenha interesse.

Rey (2017) considera essa demora na difusão da obra de Vigotski em sua própria terra como um ato político intencional, para diminuir o impacto de suas ideias na Psicologia. Ele aponta que as ideias de Vigotski referentes aos seus textos mais conhecidos, que já haviam sido traduzidos para o inglês, já estavam disseminadas no Ocidente até o início da década de 1980, enquanto importantes obras suas ainda não eram sequer conhecidas em seu próprio país.

De Yasnitsky (2017) temos a informação de que, no que concerne à América do Norte, Vigotski não obteve real popularidade até a década de 1980, quando ocorre um "Vigotski boom". O referido autor aponta que tal conquista acontece com suas ideias sendo erroneamente apresentadas e colocadas em contraste com as de Piaget, que tinha muita popularidade nas décadas anteriores, 1960 e 1970.

Talita interrompe e indaga:

— E você tem informações de como as obras de Vigotski penetraram em nosso país?

Faço uma pausa, pensando na melhor forma de abordar esse assunto, e prossigo:

— Considerando especificamente o caso brasileiro, quero chamar a sua atenção para o fato de que algumas traduções foram realizadas a partir de traduções anteriormente feitas para a língua inglesa, contendo apenas partes de suas obras completas. Esse foi o caso, por exemplo, da primeira tradução realizada para o português do livro *Pensamento e Linguagem*, que contou com várias reimpressões e foi responsável pela enorme penetração inicial das ideias

---

[25] Vigotski foi um autor muito produtivo. Igualmente também o foi Edgar Morin. Essa tese busca investigar a temática da imaginação na obra de dois autores que adotam epistemologias diferentes e que são profícuos em seus escritos, de modo que foi realizado um recorte dentre as diferentes obras dos autores, com vistas a buscarmos nos apropriar das mesmas de acordo com a temática aqui em questão e dentro do limite de tempo disponível para esta investigação.

[26] Zaverchneva é uma das pesquisadoras que, tendo acesso aos arquivos de posse da família de Vigotski, vem tentando reconstruir os textos a partir dos originais (PRESTES, 2014).

[27] Prestes (2014) menciona que a família de Vigotski está preparando uma publicação das obras completas em 15 volumes, cada qual em média com 400 páginas, e destaca a urgência dessa publicação para que se possa conhecer de fato as ideias desse autor. Com a limitação referente à leitura em língua russa, nós brasileiros infelizmente talvez demoremos um pouco a ter acesso a esse material. Daí também a necessidade imprescindível da colaboração dos tradutores.

desse autor[28] (PRESTES, 2011). A minha orientadora, Denise de Camargo (2019), apontou que, no Brasil, a penetração das ideias de Vigotski aconteceu primeiro por meio da obra de Leontiev, especialmente por meio do livro *Actividad, conciencia y personalidad* (1978). Posteriormente, na década de 80, ocorreu a tradução de duas obras de Vigotski, *A formação social da mente* (VYGOTSKY, 1989) e *Pensamento e Linguagem* (VYGOTSKY, 1991; primeira edição em 1987), que advieram de tradução americana.

Procurei esses livros em minha sacola e os ofereci a Talita, para que ela pudesse manuseá-los. Continuei:

— Van der Ver e Valsiner (2014, p. 13) apontam que muito se falou sobre a "natureza 'genial' de Vygotsky". Mas isso não gerou naturalmente, como consequência, um conhecimento mais aprofundado acerca de suas ideias e implicações. Já Tuleski (2008, p. 32) alertou que Vigotski "[...] tornou-se famoso [entre os educadores] sem ter sido lido e conhecido de fato".

Talita espanta-se e mostra uma certa inquietação em sua face, lançando olhares de reviravolta, e dizendo:

— Nossa, é muito desconfortável pensar nessa realidade! Inclusive, fico refletindo que muitos educadores, especialmente no corre-corre do dia a dia de suas duplas ou triplas jornadas, acabam nem se dando conta dessa situação.

Eu retruco:

— Talita, é preciso seguir estudando, há ainda outras barreiras concretas a serem ultrapassadas para que se tenha uma visão ampla da obra desse autor, considerando ainda que nem todas as suas obras foram já publicadas (PRESTES, 2010a, 2011, 2014). Mesmo nas *Obras Escogidas* não estão todos os seus textos (REY, 2012). Das obras já publicadas em russo, ou mesmo em inglês ou espanhol, ainda nem todas foram traduzidas para a língua portuguesa, incluindo as suas *Obras Escogidas*. Dessa forma, é preciso considerar que a maioria das pessoas em nosso país (incluindo aqui possivelmente muitos atuais e futuros professores, seus colegas da universidade), não tiveram ainda acesso a essas obras pela ausência de sua tradução para o português, e continuam lendo Vigotski a partir de traduções bastante parciais de sua obra (algumas traduções presentes nas bibliotecas são bem antigas, feitas a partir da tradução para o inglês). Devido a essa barreira linguística, muitas pessoas acabam conhecendo Vigotski apenas a partir de seus comentadores e os debates teóricos por eles levantados, mas sem ter acesso às obras do próprio autor.

Explico:

— Após esses estudos e toda essa complexa problemática referente às traduções e a dificuldade de acesso aos textos originais pela barreira da língua, dentre outras barreiras já mencionadas, fico pensando em quantos esforços foram despendidos por educadores em nosso país para estudar obras cujas traduções eram cheias de problemas, o que pode ter comprometido significativamente uma apreensão mais fiel das ideias de Vigotski em nosso país. Essa situação fica pulando dentro da minha cabeça como uma pulga inquieta.

Prossegui...

---

[28] Prestes e Tunes (2011) destacam que também na Rússia esse livro sofreu cortes para a sua primeira publicação em 1934, e só foi restabelecido o texto integral e publicado em russo em 1999. No Brasil, somente em 2001, pela própria Editora Martins Fontes (que já anteriormente publicara a versão resumida desta obra, traduzida do inglês), foi publicada uma nova tradução, realizada por Paulo Bezerra, com base no texto completo já anteriormente publicado em russo. Em entrevista de Prestes (2010, p. 1033) com Guita L. Vigodskaia, a entrevistadora indaga: "A senhora sabe que a edição americana de '*Michlenie i retch*' [Pensamento e Palavra] é resumida. O que pensa sobre isso? GUITA: Naquela época, nós ficávamos contentes que tivesse saído daquele jeito. Ainda mais porque o prefácio foi escrito por Bruner. Além disso, tudo foi feito por Luria e dizer a ele que estávamos insatisfeitos com alguma coisa não tinha como. De fato, esse livro foi o impulso para que o mundo ocidental conhecesse Vigotski, ninguém o conhecia [...]".

— Outro problema que foi apontado por Tuleski (2008) é que estudiosos acabaram usando diferentes nomes para se referir à teoria vigotskiana, o que gerou diferentes rotulações dela. Essa autora, ao realizar uma revisão bibliográfica que foi publicada naquele livro que lhe mostrei anteriormente, discute amplamente esse assunto e aponta que essas pretensões de rotulação parecem promover mais dificuldades do que facilitar a compreensão das ideias do autor. Nessa mesma obra, a autora faz ainda uma ampla análise e defende que há, no Ocidente, uma gama de diferentes interpretações sobre a obra de Vigotski. Muitas delas são realizadas de maneira anistórica, sem considerar o contexto do momento em que a obra foi produzida. Ela, tal qual também Rey (2012), vão destacar a importância de estudar a obra vigotskiana a partir de uma visão histórica. A ideia da necessidade de um estudo contextualizado da obra de Vigotski é defendida ainda por vários outros autores, além dos anteriormente citados (ZANELLA, 2004; VAN DER VEER; VALSINER, 2014; SOUZA, 2016; CICARELLO JUNIOR; CAMARGO, 2019), e também por mim.

Considerando isso, Talita, parece-me importante destacar que existem condições sócio-históricas concretas que possibilitam ou favorecem a geração de determinadas teorias, em respostas concretas às necessidades do contexto em que elas surgem. Do mesmo modo, isso também acontece com as diferentes interpretações que são construídas acerca de uma obra.

Retomando o livro de Tuleski em mãos, sintetizo a discussão sobre as diferentes interpretações da obra vigotskiana lendo um trecho para Talita:

> Segundo Burgess (1994), as abordagens ocidentais estudadas por ele para ler Vygotski surgiram no pós-guerra fria, ligadas à compreensão ocidental do pensamento marxista. Onde o marxismo, por exemplo, era encarado como religião estatal. Vygotski foi interpretado como retórica política, mais do que como "[...] uma especialidade de origem intelectual ou um projeto intelectual com potencial explicativo" (Burgess, 1994, p. 44). Desta forma tais abordagens vão desde a rejeição total da Teoria Histórico-Cultural, considerada ideológica, como sua "limpeza" em relação aos componentes marxistas, chegando à aceitação integral como possível teoria revolucionária para a atualidade. (TULESKI, 2008, p. 66).

Aponto, ao terminar a leitura:

— Entendo que o desenvolvimento da Teoria Histórico-Cultural precisa ser contextualmente apreciado. Compreendendo o lugar ocupado por Vigotski como educador, psicólogo e pensador, contido dentro de um projeto ideológico-político para a educação e a psicologia na URSS, num âmbito mais amplo do que a sua própria produção intelectual.

Continuo...

— Sobre Vigotski ser um marxista convicto, questão essa destacada por estudiosos como Tuleski (2008) e Duarte (2011), dentre outros, essa afirmação é colocada em discussão, ou entre aspas, na interpretação de alguns outros autores, como Valsiner e Van der Veer, citados pela própria Tuleski. Veja. — retomo a leitura de outro trecho:

> Foi disseminada a ideia equivocada, implícita, por exemplo, no livro de Valsiner e Van Der Veer (1996), de que existia uma imposição ideológica desde a revolução que obrigava os cientistas a adotarem o materialismo dialético em todos os seus trabalhos, acabando por reforçar ainda mais esta polêmica traduzida na questão: era Vygotski realmente marxista ou adotou o marxismo por imposição ideológica? (TULESKI, 2008, p. 32-33).

Prossigo...

— Opinião diferente de Tuleski (2008) quanto às contribuições dessa obra de Van der Veer e Valsiner parece ter tido Rey, ao escrever que:

> Um momento importante para a recuperação completa do legado de Vigotsky foram os livros de R. Van der Veer e J. Valsiner, *Vygotsky Reader* (1990), não traduzido nem para o espanhol, nem para o português, e *Understanding Vygotsky: a Quest for Synthesis* (1991), este traduzido para o português em 1996, pela Editora Loyola (São Paulo). (REY, 2012, p. 3-4).

Observo que, enquanto ao ver de Tuleski, a obra de Van der Veer e Valsiner traz mais complicações que esclarecimentos para a compreensão das ideias de Vigotski, para Rey essa mesma obra é destacada como uma contribuição fundamental para a compreensão da totalidade de sua obra. Temos aqui um exemplo claro de duas opiniões antagônicas e caminhos diferentes a serem considerados no estudo de Vigotski que me chamou a atenção no início de meus estudos do doutorado, Talita.

Talita balança a cabeça, sinalizando que está compreendendo. Eu sigo falando:

— Quanto a essa polêmica sobre ser ou não Vigotski um materialista convicto, encontrei ainda uma afirmação de Guita Vigodskaia (filha de Vigotski), citada na tese de Prestes (2010), esta uma estudiosa de Vigotski que residiu na União Soviética e assim obteve contato com Guita, fato que chama também a atenção e desperta curiosidade. Prestes narra que, quando da tentativa de publicação das obras de Vigotski por Luria e Leontiev, após a sua morte, censores sugeriram que fossem retirados determinados termos. Prestes relata que, certa vez, ocorreu esse fato, referente a um dos capítulos do livro *Pensamento e Linguagem*, pois algo contradizia ideias presentes no estudo de Stalin denominado "Marxismo e questões da linguística". Então, antes que retirassem os termos, para que o livro pudesse ser publicado, Guita pediu à Luria que escrevesse a introdução do livro, explicando que "[...] o autor não teve a felicidade de conhecer os estudos de Stalin, e também não era um materialista convicto" (PRESTES, 2010a, p. 25). Mesmo que entendamos tal afirmação dentro de um contexto específico e realizada possivelmente como um ato estratégico, ao lê-la me perguntei se essa foi uma estratégia da filha para que a obra fosse publicada sem aquele corte, ou se de fato era uma afirmação da posição concreta do autor. A dúvida permanece e, sem a presença viva do autor para poder esclarecê-la, e com os materiais de estudo que consegui levantar até o momento de meus estudos da tese, a conclusão a que cheguei é que o que temos são apenas possibilidades reflexivas a respeito, conjecturadas como resposta.

Seguindo na mesma linha de reflexão, Rey (2012) e Van der Veer (2014) apontam que Chelpanov, o criador do Instituto de Psicologia da Universidade de Moscou, após ter dado sua significativa contribuição para a institucionalização da Psicologia Russa e contribuído com a criação do Instituto de Psicologia Experimental de Moscou, foi derrotado por Kornilov[29] e acusado de idealismo, sendo ignorado amplamente na história da Psicologia Russa.

Observo em tom de brincadeira, para descontrair:

— O clima por lá, nessa época, não era moleza, não! Refletindo sobre esse contexto de confrontos ideológicos, tão próprios à época, veja o que Rey (2012) escreve. — pego o livro e leio incisivamente:

---

[29] Foi Kornilov quem substituiu Chelpanov no Instituto de Psicologia da Universidade de Moscou e que fez o convite de trabalho para Vigotski integrar a sua equipe de pesquisadores após o congresso acontecido em 1924.

> A debilitação da figura de Chelpanov teve a ver, sem dúvida, com o caráter ideológico que se atribuiu a suas posições. Essa tendência à ideologização do pensamento psicológico iria converter-se, em poucos anos, no principal motivo de constrangimento e empobrecimento da psicologia soviética que, naquele momento, progredia para posições mais avançadas em parte como resultado daquela polêmica. O ideológico passará a reger a produção subjetiva social daquela sociedade, sendo o elemento mais importante para julgar a significação de qualquer evento pessoal e social. A primeira "batalha ideológica" travada nos primórdios da psicologia soviética ocorre entre o idealismo e o materialismo. Produto da ideologização da área política, que se estende rapidamente a todas as áreas da sociedade, a toda a produção humana avaliada como ideologicamente contrária aos princípios assumidos como doutrina política, é repelida e desvalorizada; o idealismo foi desvalorizado completamente por sua conotação ideológica, o que impediu que se considerasse qualquer das contribuições dos psicólogos tidos como idealistas. (REY, 2012, p. 23).

Tomando em minhas mãos o livro de Van der Veer e Valsiner, continuo a ler:

— Já segundo Van der Veer e Valsiner (2014):

> Como um pensador sério de sua época, Chelpanov, como Pavlov, não poderia (e não iria) permanecer em silêncio diante do irrompimento da agitação militante ideológica, tendo-a chamado abertamente de "ditadura ideológica do marxismo" em 1922. (VAN DER VEER; VALSINER, 2014, p. 141).

Comento:

— Os referidos autores apontam nessa obra que as disputas ideológicas e tentativas de desacreditar os oponentes eram uma característica de grande parte da Psicologia Russa na década de 1920, e tornaram-se dominante no discurso da Psicologia na década de 1930. Um marco apontado pelos autores, nesse contexto de lutas ideológicas, foi a publicação do artigo de Lênin "Sobre o significado do materialismo militante" em 1922, gerando uma luta militante e redutos institucionais na busca pelo desenvolvimento de uma ciência marxista, com ampla adesão dos intelectuais. Ao que parece, aqueles que se opunham a fundamentar, nessa base filosófica, as suas reflexões e práticas, sofreram reações, e muitos deles foram exilados. Um livro interessante que quero indicar a você, caso tenha interesse em aprofundar estudos sobre a experiência dos intelectuais nesse período é *Escritos de Outubro* (GOMIDE, 2017).

Talita, diante de tal situação contextual na qual Vigotski estava inserido, ainda bem jovem e em início de carreira profissional, questiono a estreita margem de possibilidades que me parece que ele tinha para desenvolver qualquer projeto profissional que divergisse do posicionamento filosófico-ideológico oficial presente em seu contexto de vida (se é que haveria alguma margem para divergência nesse sentido), já que, ao que parece, se ele assim o fizesse, tal posicionamento traria muito certamente consideráveis consequências sobre a sua carreira.

A sociedade na qual viveu Vigotski, naquele período histórico, deixa margem para indagações acerca da real flexibilidade e possibilidade de escolhas que os intelectuais tinham. Nesse sentido, Rey (2012, p. 30) aponta que "o desenvolvimento da Psicologia Soviética foi inseparável das pressões políticas externas sobre os autores e das próprias consequências dessas pressões sobre a subjetividade deles".

Há uma certa atenção necessária que os estudiosos de Vigotski precisam dar ao tema da censura. Lembra-se da Guita Vigodskaia, a filha mais velha de Vigotski que também é psicóloga? Não sei se mencionei, mas Prestes (2010, p. 24), em sua tese, dá-nos a saber que Guita, no ano 2000, proferiu uma palestra no Instituto Vigotski na abertura do evento "Primeiras Leituras em Homenagem a Vigotski". Na ocasião, ela contou que Vigotski escreveu a introdução de uma das obras de Freud traduzidas para o russo, mas que os russos jamais chegaram a lê-la, pois foi censurada. Ela conta que as páginas da Introdução foram arrancadas, enquanto o livro permaneceu intacto.

A censura teve momentos mais acirrados e outros com menor intensidade. Vou ler para você o que o historiador Pipes (2017) escreve.

Pego o livro e começo:

> Até 1864, fora praticada da forma mais pesada, a "preventiva", abandonada na Europa havia muito, e que exigia que cada manuscrito fosse aprovado por um funcionário do governo, antes da publicação. Naquele ano teve início a censura "punitiva", com base na qual autores e editores eram levados a julgamento pela publicação de material cujo teor viesse a ser considerado revoltoso. Afinal, em 1906, a censura foi abolida. (PIPES, 2017, p. 334).

Discuto:

— Esse autor alerta que, posteriormente, a censura irá ser retomada em 1922 e se intensificará em 1930 (PIPES, 2017). Vigotski produziu, especificamente na área da Psicologia, principalmente de 1924 a 1934. E, lembremos, suas obras sofreram censura até a década de 80, quando começaram a ser publicadas.

É possível que, dessa mutilação, tenham vindo como consequência algumas das compreensões distorcidas e parciais das ideias vigotskianas. Resquícios dessa distorção compreensiva perduram até hoje, quando, por exemplo, as ideias de Vigotski são compreendidas como resumindo-se à Teoria Histórico-Cultural, sendo que esta não abarca a totalidade das ideias do autor, que ultrapassam essa contribuição.

Querida e dedicada Talita, o diálogo com você é sempre uma oportunidade de partilha sobre um tema pelo qual temos apreciação comum. É impossível abordar assuntos tão polêmicos e importantes como esses de maneira tão abreviada. Assim, peço desculpa pelo prolongamento de nossa conversa mais uma vez e agradeço a sua presença indagadora ao me acompanhar atenta por esse percurso reflexivo. Considero essas reflexões que fizemos como sempre provisórias, incompletas e inacabadas, tal qual é a vida e o processo de construção do conhecimento. Ainda há muito por conhecermos acerca da vida e obra desse autor. Ficaremos em diálogo. Estarei torcendo por você e a construção de seu próprio caminho de estudos por meio de um projeto de pesquisa. Finalizo este diálogo contigo expressando minha gratidão pelo nosso frutífero *Encontro* na caminhada do conhecimento. Deixo-te aqui, ao final dessa pequena pausa em nosso diálogo, certamente ininterrupto em nossas subjetividades que aguardam até uma próxima partilha de conhecimentos, um poema que nos lembra do início distante e do presente que celebra as conquistas da caminhada, nas palavras poéticas de Manoel de Barros (2010, p. 62-63):

[...]
Como é bom a gente ter deixado a pequena terra em que

nasceu

E ter fugido para uma cidade maior,

para conhecer

outras vidas.

> Como é bom chegar a este ponto de olhar em torno
> E se sentir maior e mais orgulhoso porque já conhece
> outras vidas...
> Como é bom se lembrar da viagem, dos primeiros dias na cidade,
> Da primeira vez que olhou o mar,
> da impressão de atordoamento.
> Como é bom olhar para aquelas bandas e depois
> comparar.
> Ver que está tão diferente, e que já sabe tantas novidades...
> Como é bom ter vindo de tão longe, estar agora
> Caminhando
>
> [...]

Talita, com o sorriso aberto e acolhedor de sempre, diz:

— Na verdade, eu é que sou grata por essas nossas partilhas tão ricas em conhecimento, e por nos oferecermos mutuamente um pouco do nosso tempo!

Eu acrescento:

— Acredito que a única ciência que vale a pena é aquela que é feita sob o signo da amizade. Tenho aprendido isso com alguns colegas pesquisadores, inicialmente minha orientadora de mestrado e a professora Denise de Camargo que lá conheci e se tornou minha orientadora de doutorado, agora, tenho relembrado tal aprendizado com mais vivacidade nos últimos anos, ao me aproximar de alguns pesquisadores "da Complexidade" no GEPEPECOE e, reafirmei tal saber, ao cursar duas disciplinas com algumas professoras que fazem parte do GRECOM e que generosamente me acolheram como aluna ouvinte no período de doutorado em suas disciplinas.

Talita interrompe:

— Ah, sim, aquelas aulas que você, por esses dias, comentou comigo por e-mail, não é? A propósito, professora, eu gostaria muito se pudéssemos marcar um novo encontro no mês que vem, para falarmos daquele outro autor que você também tem estudado em sua pesquisa. Como é mesmo o nome dele?

— Edgar Morin — respondo.

— Isso mesmo! E, para esse encontro, vou levar um outro colega que está interessado em conhecer um pouco mais sobre o Pensamento Complexo de Edgar Morin. Ele se chama Vitorino e, como eu, ele também pensa em propor um projeto de pesquisa nesse próximo ano, mas o dele é para o doutorado. Posso trazê-lo comigo?

Respondo, entusiasmada:

— Com certeza, Talita! Abordar assuntos que estou pesquisando é sempre uma oportunidade de revisão e, por vezes, até mesmo de ampliação e problematização das reflexões. Traga o Vitorino com você! Será um prazer compartilhar com vocês. Vamos agendar. Combinamos por e-mail.

A hora se fazia tarde. A conversa havia sido longa e proveitosa. Arrumamos as nossas coisas e, satisfeitas pela partilha científica realizada em clima de acolhimento e amizade, despedimo-nos com o compromisso de agendarmos um novo encontro de estudos e partilhas.

EDGAR MORIN

*O caminho do conhecimento é para o pensamento complexo
o que para Paul Valery era a elaboração de um poema,
algo que nunca termina.*
(Edgar Morin)

*As recentes ciências da complexidade negam o determinismo;
insistem na criatividade [...]. O futuro não está dado.*
(Ilya Prigogine)

*Não escrevo de uma torre que me separa da vida,
mas de um redemoinho que me joga em minha vida e na vida.
(...) Não sou daqueles que tem uma carreira,
sou daqueles que tem uma vida!*
(Edgar Morin)

No mês seguinte...

Na data agendada, reuniríamo-nos: eu, Talita e Vitorino. Desta vez, o assunto em pauta seria a vida e obra de Edgar Morin. A tarefa seria ajudar o novo amigo a conhecer quem foi esse intelectual e em que consiste o Pensamento Complexo. Estava tão ansiosa por essa partilha e pela oportunidade de dividir os achados de pesquisa com um novo amigo que quase passei a noite em claro. No pouco tempo que dormi, acabei sonhando com minha professora. *Eita, que sonho mais esquisito!*

No dia seguinte pela manhã, no horário marcado, ouvi a buzina do carro de Talita bimbalhar. Abri o portão para entrarem. Lá estavam meus amigos de partilhas e estudos. Cumprimentei-os. Talita me apresenta Vitorino, que vai logo dizendo:

— Estava ansioso por ouvir o que você tem para compartilhar. Eu e outra colega, a Swellen, vamos apresentar o nosso projeto de pesquisa ao Programa de Pós-Graduação da Universidade Roxita no próximo ano. A propósito, Swellen perguntou se poderia juntar-se a nós hoje. Ela mora bem perto daqui e está à espera de uma ligação minha lhe dando uma resposta.

Eu acudo:

— Absolutamente de acordo, Vitorino. Chame-a imediatamente. Fique à vontade, por favor!

Enquanto ele ligava, contei à Talita aquele sonho estranho da noite anterior:

— Então, Talita, essa noite eu tive um sonho estranho com uma de minhas professoras. Eu estava numa banheira dessas de plástico, usadas para o banho de bebês. Na verdade, eu era um bebê e estava me segurando dentro da banheira, numa amarração infinita de conceitos entrelaçados. Aproximou-se a professora, chegou perto, virou a banheira de cabeça para baixo, e só se ouviu o estrondo: *Tchiiibummm!* Caíram todos os conceitos, e eu conjuntamente! Mas, de repente, eu me livrei daquela amarração de palavras e saí andando e saltitando rumo vida afora.

Talita, aturdida e de olhos arregalados, expressa:

— Mas que sonho, hein, Profe!

Olhamo-nos curiosamente espantadas ao mesmo tempo, silenciamos, e fomos nos juntar a Vitorino na biblioteca.

— Swellen está a caminho, mas disse que podemos ir começando para não nos perdermos no tempo programado.

Subo nas escadas e retiro, da prateleira da estante, três volumosos livros. Dou um para Talita e outro para Vitorino manipularem. Coloco o terceiro no sofá ao lado deles e começo a falar:

— No prefácio à edição brasileira da tríade de seus diários publicados no Brasil em 2012, "Chorar, Amar, Rir, Compreender", "Diário da Califórnia" e "Um ano Sísifo", Edgar Morin inicia a redação com a seguinte frase: "Adolescente, eu mantinha um diário bastante irregular sobre minhas leituras, reflexões, tormentas" (MORIN, 2012c, 2012d, 2012e).

Explico:

— Inspirada pelos diários de Morin, resolvi construir um diário pessoal de leitura da sua obra *Meus Demônios*. Vou explicar qual era o intuito desse texto.

Esclareço:

— Primeiramente, experimentar ou fazer a experiência da redação de um texto "acadêmico" me utilizando da estratégia do diário, que, para mim, pode ser considerada uma estratégia imaginativa e autoformativa[30] de construção narrativa, por meio da qual é possível elaborar e comunicar conhecimentos. O segundo objetivo foi buscar conhecer um pouco da história de vida de Edgar Morin por meio de uma de suas obras que abarca, como ele mesmo destaca, "elementos de autobiografia" (MORIN, 2013, p. 9). Longe de ser uma narrativa exaustiva e absolutamente fiel à obra, o diário foi uma experiência pessoal de conexão, de uma maneira antropofágica, com essa obra do autor. Nele, destaquei aspectos da obra *Meus demônios* (MORIN, 2013) que me afetaram e, após digerir suas ideias, possibilitaram construir uma percepção de quem é Edgar Morin. Vocês querem lê-lo? Podemos iniciar com a leitura em voz alta do diário enquanto aguardamos Swellen chegar, para então abordarmos o pensamento desse autor — o Pensamento Complexo — que foi o pedido de partilha da Talita, certo?

Ambos imediatamente abanam a cabeça, concordando com a ideia e se atropelando ao afirmarem:

— Com certeza!

Talita prossegue:

— Vamos lá! Eu posso iniciar a leitura.

Tiro de uma caixa encapada com papel dourado um caderno com capa de veludo vermelho e cheiroso. Abro-o e o entrego a Talita. Ela olha as fotos que estão coladas no primeiro dia do diário e comenta:

— Você está de cabelo curto aqui nessa foto, Profe, veja só! Eu nem me lembrava mais que um dia você teve os cabelos tão acanhados!

E, rindo, ela inicia a leitura:

29 de outubro de 2018.

---

[30] Para maiores detalhes acerca do processo de autoformação e como ele é concebido a partir das ideias de Edgar Morin, ver discussão trazida por Petráglia e Arne (2021).

Meu estimado diário, amigo das memórias que não quero esquecer, artefato que as vai segurar pra sempre!

Esta foi uma agradável tarde! O entusiasmo de haver me tornado uma aluna que, após vencer as próprias dúvidas, ingressa no início do ano no tão sonhado doutorado ainda me move pela vida com intensa satisfação e alegria. Fui mais uma vez, sozinha, buscar a companhia dos livros visitando a Livraria da Vila. Passei os olhos pelos livros e pedi ajuda ao vendedor para buscarmos quais livros de Morin havia ali para a venda. Ele me trouxe *Meus demônios* (MORIN, 2013), dizendo:

— Infelizmente nós só temos este na loja, Dona!

Olhei a capa e pensei:

Nome estranho! Quem quer saber de demônios? Quase pensei audivelmente, mas me alertei com o público e aquietei, ficando comigo mesma! Contudo, passada a estranheza inicial daqueles poucos segundos, lembrei que meu coorientador já o havia mencionado como uma importante leitura em uma de suas aulas. Tomei o livro, perguntei ao vendedor se eu poderia levá-lo para apreciação na área do café da livraria, sentei em uma mesa, pedi o meu café, solicitei se ele poderia bater uma foto (essas que coloco aqui no diário para guardar na memória esse dia) e comecei a folheá-lo. Fiquei encantada com a obra já nas primeiras páginas, ao ler o que Morin escrevera: "Minha vida intelectual é inseparável de minha vida [...]".

Pensei: *Mas que intelectual interessante!* Observei silenciosamente, como cabia a uma estudante solitária em um café, mas estava muito bem acompanhada por aquele intrigante livro (e o meu café). Notei, atenta:

Ele faz o movimento de religar vida intelectual e vida pessoal!

Ao continuar a ler, percebi que ele mesmo alerta o leitor:

> No entanto, eu não quis contar tudo de minha vida, e não quis revelar o mais íntimo de mim mesmo. [...] Passei ao largo dos amores, ainda que não tenha podido viver sem amor: diria até que, sem alta combustão amorosa, eu não teria jamais tido coragem de escrever *La Méthode*.
>
> Por isso, os amigos parecerão figurantes, os amores ficarão invisíveis, ainda que o amor e a amizade sejam o mais importante de minha vida. (MORIN, 2013, p. 9).

Eu já havia lido anteriormente a sua obra *Edwige: a inseparável* (MORIN, 2012b) e pude — talvez por isso mesmo — perceber com maior amplitude essa afirmação feita pelo autor, pois, nessa obra, ele nos dá a conhecer mais detalhadamente acerca de alguns de seus amores e amigos durante um período de sua vida, na meia idade.

Hipotetizei com meus botões: é possível que a leitura de ambos os livros possam ser complementares para conhecermos um pouco da história de vida de Morin. Posso escrever um texto, posteriormente, traçando essa aproximação e fazendo uma espécie de metaleitura dialogando com ambas as obras (e, talvez, incluindo ainda alguma outra). Mas isso já é algo para depois.

Terminei o meu delicioso café, pedi a conta, comprei o livro e o levei comigo.

∞

Querido diário, meu álbum grávido de memórias!

Não sei dizer exatamente quantos dias depois da aquisição de *Meus Demônios* foi que eu consegui algum tempo para iniciar a leitura. O primeiro ano do doutorado para mim foi o mais intenso em número de textos solicitados para leitura pelos professores das disciplinas obrigatórias a serem cursadas. Por vezes, não sobrava tempo para nada além delas, pois, trabalhando incessantemente como docente universitária e psicóloga clínica, as poucas outras horas que me restavam estavam ocupadas ou com as aulas, ou com as leituras que os professores nessas aulas solicitavam. E eu ainda era mãe. De filhos adultos, é certo. Mas, ainda assim, precisava de um tempo para atender à minha função materna.

Fato é que, dias depois de tê-lo adquirido, retomei a leitura dos dois primeiros capítulos da obra. Fiquei absolutamente encantada com a forma com que Morin se intitula no primeiro capítulo: "um onívoro cultural" (MORIN, 2013, p. 13). Precisei investigar o significado da palavra *onívoro* e descobri que a palavra se refere ao quê ou a quem come de tudo. Pensei, quase em voz alta: "o que significaria na prática, para ele, ser um onívoro cultural?" Devorei o primeiro capítulo, ávida por tentar compreender.

Descobri vários aspectos que justificaram essa autorrotulação. Mas, como psicóloga interessada no tema da morte, perdas e luto, o que mais me chamou a atenção foi como o tema da morte marca profundamente a vida de Morin e, de algum modo, empurra-o para o amor à cultura, característica que partilho com ele, talvez por um aspecto semelhante: a cultura como um modo de preencher o vazio e a solidão. No caso de Morin, esses sentimentos advinham da morte da mãe, experiência que ele viveu aos 10 anos de vida. Ele conta, a partir desse evento, sobre a sua experiência com a música e, posteriormente, com o cinema. No meu caso, a vivência da experiência da morte me aconteceu aos 21 anos, com a morte de meu primeiro filho, e gerou o meu encontro com as artes plásticas, que me ajudam a sair de um longo e intenso processo de luto.

Como o meu tema de estudos é a imaginação, fiquei absolutamente impactada com essa ideia de Morin como um onívoro cultural, que ele destaca tão bem nesse capítulo introdutório da obra, mostrando-se ávido pela música, o cinema, a literatura e a "cultura em ciência social" (MORIN, 2013, p. 26), que ele conta que lhe chegou por meio da política e aproximação às ideias marxistas, que eram, para ele, "abertura e não enclausuramento" (MORIN, 2013, p. 28). Relata: "enquanto os marxismos oficiais eram exclusivos e excludentes, meu marxismo foi e continuou integrador, e não me desviou de nenhuma escola de pensamento [...]" (MORIN 2013, p. 29).

Relata que, em 1940, a crise na qual o mundo estava mergulhado levou-o a buscar o sentido dos acontecimentos e da história por meio de leituras. Ele escreve: "devoro livros na Biblioteca municipal de Toulouse" (MORIN, 2013, p. 30). Conta que lê Marx e outros autores marxistas, bem como Valery, Alain, Malraux e, ainda, Lênin, Souvarine, Trotski, Rimbaud e outros autores; a biblioteca lhe foi uma escola dos livros nos anos de guerra. Posteriormente, leu Camus, Merleau Ponty, Freud, Jung, Ferenczi, Otto Rank. Na época em que fundou a Revista *Arguments* com alguns amigos, descobre Adorno, Marcuse, o jovem Lukács, Karl Korsch e Heidegger. No final dos anos 60, toma contato com as três teorias que vão influenciar a sua forma de pensar: a cibernética, a teoria dos sistemas e a teoria da informação. Lia, então, autores como: Wierner, Bateson, Jacques Monod, Schrodinger, von Newman, von Forester, Prigogine.

Depois, quando já se impõe a ele a ideia de um livro que se chamaria *Méthod*, retoma leituras como Bachelard, Gottard Gunther, Tarsky, Wittgeinstein, Popper, Lakatos, Feyerabend, Holton, dentre outros. Ele fala de si como "uma abelha que se inebriou de tanto colher o mel de mil flores, para fazer dos diversos pólens um *único* mel" (MORIN, 2013, p. 41, grifo nosso).

Destaco: - Fico encantada com essa fome pelo saber!

Morin destaca-se como um ser altamente curioso, interessado pelo imaginário, pela busca da verdade e marcado pelo autodidatismo. Revela que a ausência de uma cultura fechada, e direcionada, que não lhe foi imposta pela família, foi justamente "a fonte" de sua cultura (MORIN, 2013, p. 41). De maneira instigante, ele me faz refletir sobre como a ausência pode ser, justamente, uma fonte para a instauração de possibilidades na vida; é o que eu costumo ressignificar com os meus pacientes, como: "uma capacidade de transformarmos em adubo as '*experiências-estrume*' que vivenciamos na vida, e fazermos nascer e florir um jardim". **Não é lindo isso, querido diário???**

Percebo a história de Morin atravessada por um processo de *autoformação*. Ele mesmo aponta: "Fui feito por aquilo de que eu sentia sede. Minha abertura onívora sustentou meu autodidatismo" (MORIN, 2013, p. 41); e confessa: "Quanto desdém, me valeu entre os educadores, meu desejo de me educar!" (p. 42). Ele aponta ter mantido suas curiosidades da adolescência e coloca, assim, a curiosidade e a interrogação no centro de seu processo construtivo intelectual, destacando a importância, para si, de se deixar interrogar pelo acontecimento e questionar o seu próprio modo de pensar. *Fico a refletir que me identifico mais uma vez com ele, quando fala da curiosidade e do autodidatismo!*

Morin afirma escolher os seus educadores. E quem foram esses educadores? Eles estão descritos em outra obra moriniana, *Meus filósofos* (MORIN, 2014a): Heráclito, Montaigne, Descartes, Pascal, Spinoza, Hegel, Marx, Buda, Jesus, Dostoiévski, Proust, a Escola de Frankfurt, Bergson, Bachelard, Piaget, Niels Bohr, Von Newman, Von Foerster, Popper, Kuhn, Beethoven, Ivan Illich, os surrealistas, dentre outros. Percebemos, já na seleção de seus educadores, que Morin opera a religação entre cultura científica e humanística e propõe que o papel da cultura é ajudar a contextualizar informações e saberes. Afirma que "ela não é *acumulativa*, ela é *auto-organizadora*" (MORIN, 2013, p. 45, grifo nosso). Encerra o capítulo um de *Meus Demônios* afirmando: "tento integrar [...] meu saber em minha vida e minha vida em meu saber" (MORIN, 2013, p. 46). Ser e fazer, vida e obra, estão completamente *inter-relacionados* na história desse intelectual.

E eu fico aqui pensando: Que interessante!!!

Talita dá uma pausa na leitura para molhar a garganta com um gole de água. Retoma:

Tal qual Vigotski, Morin também cursou Direito, porém, também como Vigotski, ele ficou conhecido por dar contribuições a outras áreas do conhecimento. Ele costuma ser conhecido como um filósofo-sociólogo, ou um sociólogo-filósofo; mas, na minha modesta visão, ele destaca-se como um instigante epistemólogo que traz uma reforma no modo de pensar e construir conhecimentos, o que impacta precipuamente em uma abertura no modo de fazer pesquisa e de narrá-la.

Em sua epistemologia, há espaço para as contradições e complementariedades; essa é uma grande abertura que ele, conjuntamente com outros autores como Bohr (1995), proporciona à ciência. Ele mesmo aponta o lugar das contradições em sua existência:

> Nunca deixei de estar submetido à pressão simultânea de duas ideias contrárias e que me parecem ambas verdadeiras, o que me leva ora a ir de uma à outra, segundo as contradições que acentuam ou diminuem a força de atração de cada uma, ora a aceitar como complementares essas duas verdades que, no entanto deveriam logicamente se excluir uma à outra. Tenho ao mesmo tempo, o sentimento da irredutibilidade da contradição e o sentimento da complementariedade dos contrários. É uma singularidade que vivi, primeiramente admitida, depois assumida e integrada. (MORIN, 2013, p. 47).

Meu álbum grávido de memórias, vou deixar aqui registrado algo curioso que descobri com a leitura de *Meu Demônios*: Morin propõe a ideia da *dialógica*, entendendo que a *síntese dialética* não é suficiente, pois, em algumas situações da vida e das ideias intelectuais, não há a superação das contradições na síntese e, sim, permanece a necessária convivência dos contrários: a dialógica.

Lendo as páginas 57 a 68 do referido livro, é possível observar que Morin enfatiza quão presentes foram as contradições em sua própria vida pessoal e no seu modo de pensar e ver o mundo. A presença da ambiguidade na sua história pessoal e intelectual é tal qual a presença de um "Janus de duas faces". Algumas dessas contradições foram transitórias, e outras foram incisivamente permanentes, deixando sulcos profundos e duradouros na sua história intelectual.

Talita faz uma pausa na leitura e comenta:

— Que interessante isso! Sua vida e obra realmente aparecem completamente entrelaçadas!

Vitorino apenas balança a cabeça afirmativamente.

Ela continua a leitura do diário. No trecho da sequência estava copiada uma citação em destaque.

Morin afirma:

> As contradições são inerentes a minha vida, a meu sentimento e a minha concepção de mundo. (...) Assumir a contradição levou-me a assumir a complexidade e a elaborar o pensamento complexo, a fazer a teoria aberta e a promover a racionalidade aberta. (MORIN, 2013, p. 66-67).

Eu comento:

— Ao apontar o papel da contradição em seu pensamento e na construção de suas ideias, Morin abre espaço para delinear o papel incisivo da dialógica em sua construção intelectual.

Tomo em minhas mãos outro livro de Morin e peço para Talita:

— Dê-me um minutinho para que possa ler um trechinho deste livro para vocês. Quero ler exatamente, no próprio livro, as palavras que ele escreveu: "Está bem claro em *La Méthode* que a dialógica se substitui irrevogavelmente à dialética, elaboro e defino a dialógica como associação de instâncias, ao mesmo tempo, complementares e antagônicas [...]" (MORIN, 2013, p. 62).

Respiro e continuo a ler, apontando que, para ele, "[...] a vida é ininteligível se não utilizarmos o recurso da dialógica [...]" (MORIN, 2013, p. 62).

Comento:

— Para Morin, a "aposta" é a forma de respondermos à contradição, enquanto a "estratégia" é o modo de respondermos à incerteza que habita as contradições (MORIN, 2013, p. 64).

Vitorino destaca:

— Essa ideia das contradições e da incerteza é a fissura que habita as multiplicidades, diversidades e pluralidades que marcam a beleza da vida como possibilidade diversa e devir contínuo.

Eu acrescento, concordando com ele:

— Sim, as contradições são *brechas* para o surgimento das novidades e das novas combinações e recombinações constantes dos elementos da vida, frutos de nossa atividade humana imaginativa, marcadores que favoreçam bifurcações intelectuais e existenciais.

Talita retoma a leitura da narrativa no diário de leituras. Estava anotado de caneta vermelha, e grifado em destaque:

Setembro de 2021.

Em setembro de 2021 essa obra compõe o corpus de livros selecionados para serem estudados no *Ateliê do Pensamento*, ministrado na UFRN pelas professoras Maria da Conceição Xavier de Almeida, Josineide Silveira de Oliveira e Eugênia Maria Dantas. Retomo a leitura do livro agora, a partir do capítulo 2, onde eu havia parado.

Talita destaca que o trecho seguinte do diário estava sinalizado com várias flechas apontando para ele. Prossegue a leitura:

A autoética é uma marca central na construção da vida e da obra de Morin. O próprio autor dá destaque para o papel dos artefatos culturais na fundação de sua autoética, revelando a importância de dois livros e um filme com o qual teve contato em sua adolescência, a saber, respectivamente: *Ressurreição*, *Crime e Castigo* e *O caminho da vida*. Ele aponta que, nessas obras, ele encontra: "[...] uma mensagem idêntica, redigida de forma diferente" (MORIN, 2013, p. 69). Sobre os dois livros, ele indica que chamavam a atenção para a compaixão, e afirma: "Foi como a luz de um sol que iria raiar em toda a minha vida, iluminando e alimentando minha fé, minhas verdades e minha moral" (MORIN, 2013, p. 69).

Talita dá uma paradinha na leitura e explica:

— O trecho seguinte está sinalizado com uma clave de sol escrita em vermelho no início da frase:

Sobre a música, Morin conta que formou o hábito de ir a concertos no sábado pela manhã e acompanhar os ensaios de concertos nos domingos à tarde. Reconhece a importância da música para si: "A música entrou em minha vida e nunca deixou de me falar daquilo que mais me interessa e que as palavras são incapazes de dizer" (MORIN, 2013, p. 24).

Talita exclama:

— Isso parece indicar uma grande sensibilidade de Morin para outros canais de relação com o mundo, para além da racionalidade do saber trazido pela ciência.

Vitorino comenta:

— Você destacou muito bem, Talita! Ele inclusive tem alguns livros nos quais ele aprofunda suas reflexões sobre a ciência, destacando na atualidade uma patologia da razão que acaba acometendo muitos intelectuais. Nesse sentido, indico, para uma leitura inicial, os capítulos 1 e 2 da obra *Os sete saberes necessários à educação do futuro* (MORIN, 2000), e o capítulo 1 da obra de Morin, escrito em parceria com Ciurana e Motta (MORIN; CIURANA; MOTTA, 2003), *Educar na era planetária*. Posteriormente, para aprofundamento desses conhecimentos, recomendo *Ciência com consciência* (MORIN, 2005b) e *A aventura de O Método e Para uma racionalidade aberta* (MORIN, 2020a).

Eu observo:

— Vejo que você já está bastante adiantado em suas leituras para o projeto de pesquisa, não é, Vitorino?

— Que nada! — responde ele. — É que esse tema especificamente foi bastante trabalhado em uma disciplina ministrada pelo professor Dr. Ricardo Antunes de Sá na UFPR, que cursei como aluno ouvinte há uns dois anos, justamente sobre o tema "Pensamento Complexo e a Pedagogia Complexa".

Swellen toca a campainha. Vou recebê-la!

— Olá, muito prazer. Eu sou a Swellen! — ela se apresenta.

— Flávia. Seja bem-vinda ao grupo! Achegue-se, vamos para a biblioteca nos ajuntarmos a eles.

Feitos os cumprimentos devidos, eu intervenho:

— Talita e Vitorino, ainda há muitas páginas desse diário que poderíamos continuar lendo. Mas acredito que esse é um bom momento para interrompermos e passarmos ao nosso foco de estudos nessa tarde, não apenas pelo tempo, e porque Swellen já está entre nós, mas porque entendo que até aqui a leitura já nos ajuda a construirmos uma razoável ideia de quem foi Morin, especialmente observando que você, Vitorino, já tem alguma aproximação inicial com o autor pela disciplina que cursou, e Talita, que não o conhecia, pode ter uma primeira aproximação.

Pergunto:

— E você, Swellen, já tem alguma aproximação com esse pensador?

Swellen responde, tímida:

— Ainda não li nada sobre ele, a não ser uma brevíssima biografia em uma revista. Mas Vitorino está tão empolgado em estudar as suas ideias que acabou me contagiando com o desejo de saber um pouco mais sobre ele, para poder definir sobre o tipo de projeto de pesquisa que irei propor. Mas sobre isso, ainda estou pensando, e vou precisar conhecer as suas ideias um pouco mais; por isso pedi para estar com vocês hoje.

Manifesto-me:

— Você é muito bem-vinda, Swellen! Bem, acredito que agora devo, então, contar a vocês um pouco do que descobri nos estudos de doutorado, certo? Vamos começar?

— É pra já! — responde Vitorino, pegando caneta e papel para tomar notas.

Eu acudo:

— Ah, eu já ia me esquecendo. Quero mostrar para vocês um poema que eu compus este ano, em homenagem aos 100 anos de Edgar Morin.

— Ele fez 100 anos neste ano? — Talita repete, curiosa.

— Isso mesmo! — reafirmo, e pergunto: — Vocês querem ouvir?

— Ora, mas com certeza! — exclama Vitorino.

Acomodo-me melhor na cadeira e ia começar a recitar quando minha mãe abre a porta da biblioteca:

— Vim trazer um café com bolachinhas. Estudar não lhes impede de comer, não é?

— De jeito nenhum! Que delícia! — respondeu logo Talita.

Enquanto todos vão se servindo e se ajeitando, me vem à mente o tempo do doutorado, quando minha orientadora gostava de fazer as supervisões em cafés ou restaurantes e ficávamos por horas dialogando sobre a pesquisa; bem como as aulas de meu coorientador, em uma longa mesa coletiva farta de petiscos trazidos por cada estudante e outros ofertados por ele mesmo para compartilhar com os demais. Petiscávamos e estudávamos ao mesmo tempo. Essas são memórias que me são muito agradáveis. Fico por um minuto paralisada, mergulhada nas lembranças. Talita toca no meu braço, como quem procura despertar uma sonhadora acordada. Pergunta:

— Está tudo bem?

Como quem desperta de repente, quase em sobressalto ao toque, retomo:

— Claro. Vou me acomodar melhor e, enquanto vocês comem, vou aproveitar para partilhar a poesia. Ela foi declamada no Sarau on-line que aconteceu no dia do aniversário de 100 anos de Edgar Morin, em 8 de julho de 2021. Esse Sarau foi organizado por Eduardo Costa, que também vem estudando o pensamento de Edgar Morin. Foi um momento muito especial de celebração da vida! Mas chega de detalhes; vamos lá. Com singeleza lhes apresento "Ária a Edgar Morin".

Todos estão atentos! Meus olhos brilham, a voz embarga, mas eu prossigo:

Ária a Edgar Morin
(Flávia Diniz Roldão, 08.07.2021)

celebrar a vida do poeta da esperança – Edgar Morin –

é transbordamento – enlace – tessitura.

é moldar metáforas com o tempo vivido.

tecer, com diferentes fios de conhecimentos,

uma compreensão sempre tramada e provisória.

afirmar no mar de incertezas da existência

uma vida pulsante e imaginativa.

é trazer à memória que a vida é enredo, o pensamento é trama

e fazer ciência é trilhar um caminho na ética e na amizade.

sua obra e sua história inspiram compreensões da vida e da política:

viver não é jamais resignar!

mas...

Resistir.

armar uma política civilizacional que favoreça a convivialidade e os afetos,

e que seja afeita à poesia da existência.

a dança da vida proposta por ele, auto nominado onívoro cultural, convida a nos movimentarmos para uma política da existência, e da resistência.

é dança *sapiens-demens* impregnada de contradição,

mergulhada em potente inspiração dialógica.

entusiasmada com a potência geradora das complementariedades.

comemorar a vida de Morin é...

trasvasar gratidão pelas brechas que ele abriu

reafirmar esperanças que resgatam desencantos

celebrar o transbordamento da imaginação (re)inventiva

nas multidimensionalidades da prosa, e da poesia da vida.

Quando eu termino, estou visivelmente tocada. Os olhos marejam — é grande o sentimento de gratidão por ter vivido esse momento tão especial do Sarau!

Vitorino agradece:

— Obrigado por compartilhar. Foi um jeito interessante de nos introduzir na conversa sobre o Pensamento Complexo.

Eu retomo, pegando a tese, e ofereço-a para poderem circular entre eles. Explico que a tese foi escrita de maneira absolutamente *experiencial e no exercício de uma escrita experimental*, a partir da experiência de deixar-me afetar pelas leituras de suas obras; *experimental* no sentido de eu ter trabalhado uma escrita enquanto experimento, e *experiencial* no sentido de eu enfatizar a leitura das obras dos autores ali estudados como um verdadeiro exercício de fazer a experiência da apreciação/afetação e buscar por uma compreensão dos textos deixando que eles me afetassem, percebendo como isso acontecia, correlacionando e percebendo como eu me implicava antropofagicamente com essas leituras em minha própria experiência de vida e construção de conhecimentos.

Pego na minha biblioteca o livro intitulado *O que é narrar?* (DACANAL, 2021) e leio para meus interlocutores a seguinte definição de "experiência":

> Etimologicamente, o substantivo experiência vem diretamente do latim *experientia*, que, por sua vez é derivado do verbo *experior/experiri* (medir forças, tentar). Este é um vocábulo duplamente composto, formado pelo verbo ire (ir) e pelas preposições *e/ex* (de, indicando origem) e *per* (por, através, indicando lugar ou direção). Por outra parte o verbo *periri*, um composto simples, (*per-ire*) tem o sentido de morrer. Daí pode-se concluir que experientia/experiência significa originariamente o ato de ir/passar através, ultrapassar determinado limite, mudar. Em última instância, morrer. (DACANAL, 2021, p. 15).

Exponho:

— Escrever uma narrativa de forma experiencial é mesmo fazer uma passagem, ou ultrapassagem, de uma forma, em que velhos hábitos devem morrer para que outra nova *tessitura* possa, nessa passagem, nascer. Quando ela nasce, aquela possibilidade única de ser, já morreu, pois é única, e nasceu do modo como nasceu, e não haverá outra experiência igual a ela. Essa é também uma possível metáfora para a caminhada que se faz em um doutorado — essa passagem para o nascimento de algo novo e a morte do que se tornou cadavericamente sem sentido no presente. E um passado que já se foi; experiência realizada. Contudo nada é absolutamente novo: todo novo é produzido por meio da recombinação de informações, conhecimentos ou vivências, e isso nada mais é do que atividade/experiência imaginativa.

Lembro-me de Montaigne, em seu ensaio "Da Experiência" (MONTAIGNE, 2016, p. 980, grifo nosso) que, ao falar sobre o desejo de conhecimento, escreve: "[...] quando a razão não basta, apelamos para a *experiência*". Ele destaca que ela é o lugar da diversidade, da variedade, da imperfeição e da não identidade ou repetição. Utilizo como meu operador cognitivo a IMAGINAÇÃO.

Colocados os devidos esclarecimentos, empolgada e com alegria pelo momento ali vivido com os amigos, preparo-me para iniciar a partilha. Vitorino solicita:

— Só um minuto, deixe eu me acomodar na outra poltrona.

O telefone toca. Do outro lado da linha quem fala é Fernanda, uma amiga que iniciou, conjuntamente comigo, duas disciplinas na época do doutorado, mas que precisou interrompê-la logo no início para poder resolver alguns assuntos pessoais. Conheci-a em um programa de intercâmbio de alunos em disciplinas remotas entre a universidade em que eu estudava e a que ela estudava. Ela cursava disciplinas remotas na minha, e eu, na universidade dela, durante o tempo da pandemia da Covid-19; foi assim que nos conhecemos. Fernanda diz, assim que eu atendo ao telefone:

— Oi, Flávia, tudo bem? Estou pensando em retomar o meu doutorado e preciso revisar algumas ideias que estudamos naquela disciplina que cursamos conjuntamente aí na sua universidade, você se lembra? Será que você poderia revisar algumas dessas ideias comigo? Estou pensando em retomar os meus estudos no ano que vem.

Respondo, espantada:

— Ora, mas que sincronicidade! Estou justamente nesse momento com um grupo de amigos aqui em minha casa, e estamos iniciando justo agora a leitura conjunta de minha tese. Faça-me uma videochamada pelo WhatsApp e irei posicionar o celular de modo que você consiga acompanhar essa leitura conosco, caso tenha disponibilidade. Você está com tempo?

— Pode ser. Muito obrigada! Vou fazer a videochamada.

Atendi e tratei de posicionar o celular no pedestal. Pensava, enquanto isso, nas maravilhas de oportunidades que a tecnologia oferece, e que são muitas vezes subutilizadas quando não as exploramos. *Veja, uma amiga de tão longe, em Natal, pode conectar-se conosco aqui no Paraná, e podemos trocar conhecimentos. É lindíssimo isso!*

Vitorino pegou um chá e confortavelmente afofou a almofada, instalando-se. Ele, que tinha uma fascinação por histórias, colocou a sua atenção à escuta da leitura dessa pequena narrativa, como quem se põe a escutar uma que estivesse sendo contada por uma Sherazade.

Começo então a compartilhar:

— Morin é um intelectual do nosso tempo: completou 100 anos de idade em 2021 com muitos festejos de vários modos, em diferentes partes do mundo, e que puderam ser amplamente acompanhados pelas muitas mídias sociais. Sua obra encontra-se ainda em pleno desenvolvimento. Em 2020, por exemplo, escreveu, com a colaboração de sua atual esposa, Sabah Abouessalam, um livro refletindo sobre o contexto atual de múltiplas crises intensificadas com a pandemia e a necessidade de mudarmos de via. Ele é um intelectual que veio ao Brasil algumas vezes para compartilhar as suas ideias e que enviou gravações com suas falas noutras oportunidades em que foi convidado a compartilhar, mas nas quais aqui presencialmente não pôde estar (CENTRO DE PESQUISA E FORMAÇÃO SESC SÃO PAULO, 2019). Recentemente, ele esteve no Brasil no final do primeiro semestre de 2019 e ministrou uma conferência sobre Estética que foi aberta ao público, no SESC São Paulo. Eu estive presente nessa conferência. Ele tem influenciado profissionais de diferentes áreas do conhecimento, e seu pensamento tem motivado a organização de eventos destinados à discussão de suas proposições, tal como as "Jornadas Edgar Morin", promovidas pelo Centro de Pesquisa e Formação do SESC em São Paulo, tendo a última ocorrido em 2021 (CENTRO DE PESQUISA E FORMAÇÃO SESC SÃO PAULO, 2021).

Morin destaca a obra *O paradigma perdido* (MORIN, 2010) como uma primeira busca por expressar suas ideias germinais sobre a complexidade, que ele considera o "ramo prematuro de 'O Método'" (2016, p. 22), obra desenvolvida posteriormente por ele em seis volumes. Em 2020, ele publicou um livro que sintetiza as principais ideias desenvolvidas nos seis volumes de *O Método* ao longo de 35 anos.

Vitorino comenta:

— Esse livro publicado em 2020 tem uma característica bastante interessante. Eu o estava apreciando dias atrás em uma livraria. Morin o constrói na forma de uma narrativa leve, como um contador de histórias. Essa tonalidade dada à narrativa pode ser percebida já no começo da obra, quando ele inicia contando sobre a morte de sua mãe, e como esse fato marca decisivamente a sua trajetória de vida. Também nessa obra é possível observar, tal qual você destacou em seu diário de leituras sobre o livro *Meus demônios*, que o autor apresenta a sua história de construções intelectuais tecida conjuntamente com os fios que formam trama de sua história de vida. Do mesmo modo, ele destaca ali, logo de início, a importância da literatura e do cinema na construção de suas "verdades primordiais" (MORIN, 2020, p. 16).

Eu pondero:

— A meu ver, suas ideias estão conseguindo aos poucos romper o "cordão sanitário" (MORIN, 2016, p. 24) que isolou a obviedade da interdisciplinaridade do saber nesse mundo e que permeou hegemonicamente, por muito tempo, a vida acadêmica da grande maioria das universidades. Suas proposições começam, na atualidade, a serem mais amplamente acolhidas nos meios universitários aqui no Brasil, embora haja grupos já com quase 30 anos de estudo do seu pensamento. Contudo, em geral, as universidades brasileiras — talvez até pelo conservadorismo de suas origens, ou por questões ideológicas — têm tido ainda alguma dificuldade de lidar com a temática da inter-, trans- e multidisciplinariedade e com a religação dos saberes entre as diferentes áreas do conhecimento.

Ocorreu-me agora a lembrança de que, no período de meu doutorado, escrevi um breve trabalho para um congresso que é um recorte de uma parte da minha tese e que aborda essencialmente uma revisão acerca do Pensamento Complexo. Tenho aqui ainda algumas cópias do texto que foi lido nessa ocasião. O que vocês acham de irmos lendo e discutindo esse material para estruturar um pouco a nossa partilha de hoje? — Olho para a câmera do celular e digo: — Fernanda, eu posso encaminhar uma cópia desse texto a você por e-mail, para poder acompanhar a leitura e discussão juntamente conosco.

Talita responde:

— Pode ser uma boa ideia, pois nos ajudaria a nos mantermos focados em nosso tema de interesse!

Vitorino e Swellen concordam.

Eu envio o arquivo do texto por e-mail para Fernanda. Localizo a pasta onde havia guardado as cópias, recupero-as e as distribuo entre eles, propondo que cada um fosse lendo pausadamente uma parte do texto e que pudéssemos deixar para o final os nossos comentários. Sweelen inicia a leitura, enquanto eu viro a câmera do celular para colocá-la em conexão com Fernanda:

O pensamento complexo

Edgar Morin propõe a ideia do "Pensamento Complexo". Compreender a especificidade de suas proposições parece importante, pois há quem possa confundi-las com outras propostas ao referir-se à ideia de complexidade. A complexidade não tem um autor ou criador, mas origina-se de uma constelação dispersa em alguns domínios da ciência. Tal compreensão pode contribuir para com os educadores que adotam o Pensamento Complexo como o fundamento teórico de suas práticas.

Morin inicia a Introdução Geral de sua obra *O Método* (volume 1) com a seguinte epígrafe de Heráclito: "Despertos eles dormem" (Morin, 2016, p. 21). Nessa introdução, e mais diretamente em algumas outras obras (MORIN, 2000, 2003c; MORIN; LE MOIGNE, 2000), Morin aponta que os intelectuais e cientistas que se encontram imbuídos dos saberes e das práticas conforme propostos pela ciência clássica estão impregnados de "cegueira" em sua visão do mundo e do fazer científico. E de onde vem essa cegueira? Da simplificação e da tendência à fragmentação que marcou (e ainda marca, muitas vezes) a prática científica e as reflexões dos intelectuais.

Em *O Método 1* (MORIN, 2016), Morin indica que pensamos a vida através de conceitos mutilados pela fragmentação do saber que a ciência pratica e que gera ações mutilantes. Ele aponta que a aposta em uma inteligência da complexidade é uma aposta "[...] não somente científica. Mais do que isso: é profundamente política e humana [...]" (MORIN; LE MOIGNE, 2000, p. 41). Destaca Almeida (2006, p. 23) que: "Todo pensamento redutor [...] implica políticas sociais redutoras [...]". Daí a urgente necessidade proposta por Morin da religação não apenas dos conhecimentos separados, mas também da articulação de conceitos antagônicos, como ordem e desordem (MORIN, 2016).

Morin (2005b) declara:

> Estou persuadido de que um dos aspectos da crise do nosso século é o estado de barbárie de nossas ideias, o estado de pré-história da mente humana que ainda é dominada por conceitos, por teorias, por doutrinas que ela produziu, do mesmo modo que achamos que os homens primitivos eram dominados por mitos e por magias. Nossos predecessores tinham mitos mais concretos. Nós somos controlados por poderes abstratos. (MORIN, 2005b, p. 193).

Morin faz a crítica desse estado de barbárie de nossas ideias cristalizadas em uma espécie de pré-história da mente e entende que é preciso reformar o pensamento. Alega:

> Nosso pensamento deve investir no impensado [...] Nós nos servimos de nossa estrutura de pensamento para pensar. Será preciso também nos servirmos de nosso pensamento para repensar nossa estrutura do pensamento. [...] Caso isso não ocorra, a estrutura morta continuará a elaborar *pensamentos petrificantes*. (MORIN, 2016, p. 35, grifo nosso).

A frase final dessa citação me lembrou da obra de arte de um escultor também francês, Auguste Rodin (1844-1917). Esse conterrâneo de Morin construiu a obra *Le Penseur* — O Pensador (1888).

FIGURA 2 - *LE PENSEUR*

FONTE: Museu Rodin[31]

Foram feitas muitas versões dessa escultura. A característica dessa imagem é ser extremamente expressiva. A mim, parece uma escultura muito bela; mas, enquanto escultura que é, trata-se de uma imagem petrificada, diferente do que esperamos produzir em nossas reflexões científicas enquanto seres humanos, capazes de dar origem a um pensamento fluído que gere movimento longe de um engessamento[32].

Morin e obra escrita com Ciurana e Motta (2003, p.31) nos adverte sobre a necessidade de renovarmos o pensamento e religarmos os conhecimentos, afastando-nos de uma petrificação e museificação das ideias, propondo: "[...] o único conhecimento válido é aquele que se nutre de incerteza e [...] o único pensamento que vive é aquele que se mantém na temperatura de sua própria destruição". Ao que parece, Morin tem em vista que possamos ampliar nossa visão das

---

[31] Disponível em: https://collections.musee-rodin.fr/fr/museum/rodin/le-penseur-platre/Ph.05128?q=le+penseur&position=4. Acesso em: 13 fev. 2022.

[32] A versão inicial dessa escultura compunha outra bem maior, intitulada *La Porte De L'Enfer* (1880-1890). Os interessados em aprofundar-se no conhecimento dessa obra podem recorrer ao endereço: https://www.musee-rodin.fr/musee/collections/oeuvres/porte-de-lenfer. Acesso em: 13 fev. 2022.

construções do conhecimento e do mundo como uma rede de interconexões, e diminuir o perigo de novas barbáries que coloquem a continuidade da própria vida civilizacional em risco. Em obra recente, reafirma: "[...] a ciência não é um repertório de verdades absolutas (diferentemente da religião). Suas teorias são biodegradáveis" (MORIN, 2020b, p. 33).

Morin (2015a, p. 5) utiliza-se da palavra *complexidade* e da expressão *pensamento complexo* com um significado muito próprio, a saber:

> [...] é complexo o que não pode se resumir numa palavra-chave [...] nem a uma ideia simples. Em outros termos o complexo não pode se resumir à palavra complexidade [...]. Não se poderia fazer da complexidade algo que se definisse de modo simples [...]. A complexidade é uma palavra-problema e não uma palavra-solução. (MORIN, 2015, p. 5-6).

O referido autor destaca que "a palavra complexidade não tem por trás de si uma nobre herança filosófica, científica ou epistemológica" (MORIN, 2015, p. 5). Ao propor a necessidade de um Pensamento Complexo (MORIN, 2000, 2011a, 2011b, 2012a, 2015a, 2015d, 2016, 2020; MORIN; CIURANA; MOTTA, 2003; MORIN; LE MOIGNE, 2000), vemos que Morin assume que costumeiramente as pessoas fazem uma associação do termo *complexidade* com o termo *complicação*. Isso muitas vezes ocorre tanto no campo da linguagem cotidiana quanto nas diferentes áreas da ciência (MORIN, 2003). Ele entende que, de um modo geral, "a problemática da complexidade ainda é marginal no pensamento científico, no pensamento epistemológico e no pensamento filosófico" (MORIN, 2005b, p. 175). Destaca que o seu estatuto epistemológico ainda não foi consumado e escreve, demonstrando estar consciente desse momento processual que ainda estamos vivendo:

> Diferentes autores, da matemática à sociologia, utilizam o termo de forma às vezes bastante diversa [...]. O discurso sobre a complexidade é um discurso que se generaliza cada vez mais a partir de diferentes vias, já que existem múltiplas vias de entrada a ela. (MORIN, 2003, p. 52).

Porém, esclarece em parceria com seus amigos (MORIN; CIURANA; MOTTA, 2003) que o termo é utilizado, no Pensamento Complexo proposto por ele, com um sentido específico. Ele próprio destacou que não é seu propósito definir um padrão de pensamento fechado e destaca dois erros que se costuma cometer ao pensar em complexidade. O primeiro é a tendência em "conceber a complexidade como receita, como resposta, em vez de considerá-la como desafio e como motivação para pensar" (MORIN, 2005b, p. 176). O segundo é confundir complexidade com completude, quando a proposta é justamente o contrário (MORIN, 2005b).

Francelin (2005, p. 107) lembra que "a complexidade moriniana não traz em si complicadores". Comparando os termos *complicar* e *complexidade*, Morin explica que o termo complicar deriva do latim "*complicare*", que tem sua raiz em "*plicare*" e que significa dobrar, ou fazer pregas. Já a palavra complexidade, que também tem origem latina — "*complectere*" —, tem a raiz no termo "*plectere*", que significa trançar, enlaçar. "Complicado" refere-se a algo de difícil compreensão. "Complexidade", a partir do termo *plectere* somado ao prefixo "com", destaca "o sentido da dualidade de dois elementos opostos que se enlaçam intimamente, mas sem anular a dualidade. Por isso a palavra *complectere* é utilizada tanto para designar o combate entre dois guerreiros, como o abraço apertado de dois amantes" (MORIN, 2003, p. 45). E destaca: "[...] complexidade é um tecido de elementos heterogêneos inseparavelmente associados, que apresentam relação paradoxal entre o uno e o múltiplo" (MORIN, 2003, p. 44). Escrito de outra maneira, abordou

Morin (2004, p. 13) em outro texto: "Complexidade vem da palavra latina *complexus*, que significa compreensão dos elementos no seu conjunto".

Morin destaca que, quando o termo *complexidade* surge nas ciências, ele é direcionado e usado de um modo que propõe a reorganização da dinâmica do conhecimento. Se antes, numa perspectiva cartesiana da ciência, conhecer era dividir, fracionar, para compreender, com o olhar da complexidade, compreender passa a ser religar, perceber as relações, para poder compreender algo (MORIN, 2016). A complexidade proposta pelo Pensamento Complexo resgata "a incerteza, a incapacidade de se atingir a certeza, de formular uma lei eterna, de conceber uma ordem absoluta [...] a incapacidade de evitar contradições" (MORIN, 2003, p. 44). O autor propõe a incompletude como fator que é parte do processo de conhecer e parte dos fenômenos complexos. Destaca, ainda, que:

> [...] à primeira vista, é um fenômeno quantitativo, a extrema quantidade de interações e interferências entre um número muito grande de unidades [...] Mas a complexidade não compreende apenas quantidades de unidade e interação que desafiam nossas possibilidades de cálculo: ela compreende também incertezas, indeterminações, fenômenos aleatórios. A complexidade num certo sentido sempre tem relação com o *acaso*.
>
> Assim a complexidade coincide com uma parte de incerteza, seja proveniente dos limites de nosso entendimento, seja inscrita nos fenômenos. (MORIN, 2015, p. 35, grifo nosso).

Dando destaque ao aspecto de incorporação da contradição e da incerteza no Pensamento Complexo, Morin escreve:

> Na visão clássica, quando surgia uma contradição num raciocínio, é um sinal de erro. É preciso dar marcha a ré e tomar um outro raciocínio. Ora, na visão complexa, quando se chega por vias empírico-racionais a contradições, isso não significa um erro, mas o atingir de uma camada profunda da realidade que, justamente por ser profunda, não encontra tradução em nossa lógica. (MORIN, 2015a, p. 68).

O Pensamento Complexo diferencia-se fundamentalmente da ciência clássica nos aspectos de valorizar a contradição, acolher o imprevisível, a incerteza e o acaso e, sobretudo, por propor a religação. Silvério de Almeida (2015), abordando o tema do Pensamento Complexo, explicita:

> Não se trata de um pensamento baseado em compatibilidades, mas que assume as tensões existentes entre as dissonâncias, divergências e os conflitos, promovendo o diálogo entre a contradição e a dúvida e entre várias maneiras de pensar. (ALMEIDA, 2015, p. 194).

Morin (2013, p. 60) aponta: "foi sempre o choque entre duas ideias contrárias que suscitou cada um de meus livros". Dessa forma, compreendemos que ele é um autor que tem usado a divergência para fazer avançar o seu próprio pensamento e o conhecimento científico.

Reconhece Morin que a complexidade se tornou, para ele, um macroconceito, passando, ao longo do tempo, da periferia para o centro de seu discurso (MORIN, 2015a). Para o autor, "o pensamento complexo também é animado por uma tensão permanente entre a aspiração a um saber não fragmentado, não compartimentado, não redutor, e o reconhecimento do inacabado e da incompletude de qualquer conhecimento" (MORIN, 2015a, p. 7).

O autor menciona que há diferentes níveis de complexidade (MORIN, 2015a). Alguns sistemas são mais complexos do que outros e, ao falar do fenômeno antropológico, ele destaca que este é de alta complexidade. Petráglia

(2021, p. 122) destaca a educação como o processo de tessitura da complexidade, ao afirmar: "[...] a educação é a tessitura dos diversos saberes".

Do exposto até aqui, é possível apontar que a ideia de complexidade transgride o olhar tradicional que está posto sobre o mundo e a ciência. "A questão sobre a complexidade é complexa!" (MORIN; LE MOIGNE, 2000, p. 45). A complexidade no Pensamento Complexo não é complicação; carrega a marca de um sentido próprio, de uma leitura de mundo que constrói um sentido peculiar para esse termo na teoria do Pensamento Complexo. É um conceito lógico e não quantitativo, dizendo respeito a um modo de pensar. Morin propõe que a complexidade está "na própria base" (MORIN, 2003, p. 45) constitutiva do real e, sobretudo, da "realidade antropossocial" (MORIN, 2015a, p. 13). Ele constrói um discurso da "solidariedade entre tudo o que constitui nossa realidade" (MORIN, 2006, p. 7) e propõe a metáfora do emaranhado, ou do abraço (MORIN, 2006; SÁ, 2019), ganhando espaço na forma de ver o mundo e seus fenômenos em relação.

Por falar em metáfora, Almeida (2006, p. 26) destaca dois modos utilizados por esse autor para "prefigurar as possibilidades de um conhecimento verdadeiramente transdisciplinar", visando uma reforma do pensamento: as metáforas e a migração conceitual. Esta última possibilita a "ressignificação e ampliação de conceitos e noções, originariamente disciplinares [...]".

Morin (2015) aponta que o termo *complexidade* era muito mais presente na linguagem cotidiana que na linguagem científica. No século 19, esse conceito surge na ciência, na física, mas "sem ainda dizer o seu nome" (MORIN, 2015a, p. 33); somente com os fundadores da cibernética, Ashby e Wiener, é que ele entra na ciência. Com Von Neuman, aparece ligado ao conceito de auto-organização. No caso desta última contribuição, já temos aqui em pauta a noção de sistemas abertos. A cibernética passou por processos de evolução. Nesse sentido, podemos falar em primeira cibernética, onde estão em jogo os sistemas fechados, e a segunda cibernética, ou ci-cibernética, que coloca a questão dos sistemas abertos envolvendo as trocas com o meio e trazendo questões referentes à indeterminação e à imprevisibilidade (PAKMAN, 1991; KASPER, 2000).

Morin aponta que o termo *complexidade* foi utilizado na Filosofia por Bachelard (MORIN, 2003; MORIN; LE MOIGNE, 2000). Quando Bachelard usa esse termo, em sua obra *O novo Espírito Científico*, ele apresenta a carência que havia de uma epistemologia para além da cartesianista e do reducionismo e simplificação nela engendrados. Conforme Francelin (2005, p. 107), Morin destaca que Bachelard foi "um dos filósofos da ciência que 'falou' da complexidade com maior profundidade"; mas foi com Edgar Morin que a ideia da complexidade se desenvolveu.

Suas ideias ganharam sistematização, de maneira mais formal, a partir da década de 70, quando ele inicia a escrita do seu conjunto de seis livros intitulado *O Método*. O primeiro volume dessa coleção foi publicado em 1977, e o último, em 2005 (ALMEIDA, 2004; ALMEIDA, 2005; ALMEIDA, 2012; NOGUEIRA, 2009; CARVALHO, 2017).

No sentido específico com o qual Morin usa o termo *pensamento complexo*, ele destaca, logo no início do seu livro *Introdução ao Pensamento Complexo* (2015), que é preciso desfazer duas ilusões:

1. A de julgar que o pensamento complexo elimina a simplicidade;
2. A de confundir complexidade com completude.

O pensamento complexo integra e parte da simplicidade, mas a supera; não a anula ou elimina, mas a reposiciona a partir da valorização de sua perspectiva dialógica, recursiva, hologramática e holoscópica (MORIN; LE MOIGNE,

2000). Ele não aspira a uma completude — pelo contrário, reconhece os limites do conhecimento. Mas reconhece, ao mesmo tempo, os limites introduzidos por uma forma simplificadora e reducionista de pensar o real e a realidade, que obstaculizaram muitas vezes um desenvolvimento mais amplo do conhecimento. O autor explica o que chama de "paradigma da simplificação": "Vivemos sob o império dos princípios de disjunção, de redução e de abstração, cujo conjunto constitui o que chamo de o 'paradigma da simplificação'" (MORIN, 2015a, p. 11).

Em um texto de 2004, Morin aborda o tema da literatura e aponta o quanto nela estão religadas muitas das diferentes dimensões do humano: a social, a econômica, a física, a subjetividade, a histórica, a ética etc. Ele entende que, em sua própria linguagem, há o religar de uma linguagem lógica-racional e analógica-simbólica. Almeida (2005, p. 140), em diálogo com as ideias de Morin sobre a ética, aponta os romances clássicos como "verdadeiros operadores cognitivos complexos" para a compreensão das questões éticas do humano e da humanidade.

Morin destaca a importância de religar a dimensão prosaica e poética da vida (MORIN, 2004, 2005a, 2019). Ele conota como "dimensão prosaica" aquela dimensão das coisas que fazemos por dever, obrigação; e a "dimensão poética" é aquela do prazer, do desejo, da qualidade de vida, ligada ao amor, à comunhão, à amizade. Também entende nessa dimensão tudo o que é estético (MORIN, 2017).

Para a complexidade, é muito importante contextualizarmos um sistema vivo sempre que buscamos conhecê-lo, pois são as relações que um sistema vivo estabelece e as suas inter-retroações peculiares que dão a sua configuração singular. Entendo que, no caso dos humanos, essas relações e inter-retroações constroem a sua subjetividade e identidade.

Morin, ao pensar na construção do conhecimento, não fornece um método, mas, antes, parte em busca dele (MORIN, 2016) como uma aventura, uma aposta. Na mesma obra anteriormente citada, o autor (MORIN, 2016, p. 29) aponta que: "Nossa necessidade histórica implica encontrar um método que detecte, e não que oculte as ligações, articulações, solidariedades, implicações, imbricações, interdependências, complexidades". Destaca, ainda, que é preciso percebermos que o desenvolvimento da ciência está ligado diretamente à própria crise da ciência no século 20. Sobre o seu Pensamento, ele destaca: "Por mais marginal que minha tentativa possa parecer, ela não surge como um aerólito vindo do espaço. Ela decorre de nosso convulsionado campo científico. Ela nasceu da crise da ciência, e se alimenta dos progressos revolucionantes" (MORIN, 2016, p. 30). Provocativamente, ele continua a escrever: "[...] a palavra ciência reveste-se de um sentido fóssil, porém reconhecido, e o sentido novo ainda não surgiu" (MORIN, 2016, p. 30).

Morin destaca que "O pensamento complexo se cria e se recria no próprio caminhar" (MORIN, 2003, p. 52). Dessa forma, as ideias de fluxo, movimento e mudança são parte de um pensar ontologicamente considerado complexo na construção do conhecimento, que não propõe um método para essa construção; ao contrário, a proposta (até este momento do desenvolvimento desse Pensamento) é a de "não método" (MORIN, 2016, p. 28). Ele explicita:

> A incerteza assume a forma de um viático, uma previsão para o caminho: a dúvida sobre a dúvida fornece à dúvida uma dimensão nova, a da reflexão; a dúvida por meio da qual o sujeito se questiona sobre as condições da emergência e da existência de seu próprio pensamento, constitui a partir de agora, um pensamento potencialmente relativista, relacionista e autoconhecedor. A aceitação da confusão pode enfim tornar-se um meio de resistir à simplificação mutiladora. Se no início não dispomos de um método, pelo menos podemos dispor do antimétodo, no qual a ignorância, incerteza, confusão, convertem-se em virtudes. (MORIN, 2016, p. 29).

O autor deixa ainda mais esclarecidas as suas intenções ao explicitar:

> Que fique entendido: eu não busco nem o saber geral nem a teoria unitária. É preciso, ao contrário e por princípio, recusar um conhecimento geral: este último escamoteia sempre as dificuldades do saber, ou seja, a resistência que o real opõe à ideia: ela é sempre abstrata, pobre, "ideológica", sempre simplificante. Da mesma forma, para evitar a disjunção entre os saberes separados, a teoria unitária obedece a uma supersimplificação redutora confinando o universo com um todo em uma única fórmula lógica. (MORIN, 2016, p. 28).

Citando Adorno, o autor destaca que: "A totalidade é a não verdade" (MORIN, 2016, p. 33). Morin entende que a: "[...] complexidade não é a chave do mundo, mas o desafio a enfrentar, [...] o pensamento complexo não é o que evita ou suprime o desafio, mas o que ajuda a revelá-lo, e às vezes mesmo a superá-lo" (MORIN, 2015a, p. 8). Sobre esse desafio, ele explica: "A dificuldade do pensamento complexo é que ele deve enfrentar o emaranhado (o jogo infinito das inter-retroações), a solidariedade dos fenômenos entre eles, a bruma, a incerteza, a contradição" (MORIN, 2015a, p. 14). De modo metafórico, Morin assim expressa: "[...] o problema teórico da complexidade é o da possibilidade de entrar nas caixas pretas" (MORIN, 2015a, p. 35). Nesse sentido, pensando de modo metafórico, podemos dizer que *complexidade* é uma palavra-desafio.

Talita finaliza a leitura do texto e comenta:

— Percebo que a noção de complexidade não se prende a uma definição; é uma noção com múltiplas entradas para pensar a religação dos saberes e a forma de construção do conhecimento.

Eu assinalo:

— Para mim, a ideia do Pensamento Complexo, do religar, do fazer dialogar, é uma ideia absolutamente fundamental na formação humana e universitária. Ela nos possibilita olhar para determinado fenômeno a partir de múltiplos pontos de vista complementares e/ou antagônicos, como em um holograma. Nesse sentido, lembro-me de uma passagem de Petráglia, que aponta:

> Para isso, é necessário que o sujeito, com sua subjetividade e objetividade racional, possa influir e transformar de forma responsável, a melhoria da tessitura do *complexus* onde está inserido; tecendo fios, retirando nós, estacando formas, cores, fibras e espessuras distintas; respeitando a diversidade de estilos de fiação, posições e instrumentos para a construção do tecido complexo que é a epistemologia. (PETRÁGLIA, 2006, p. 2).

Fernanda acrescenta:

— Precisamos "esperançar" de que vamos conseguir aprender a fazer esse diálogo tão fundamental entre os diferentes saberes, entre as diferentes formas de pensar, entre as diferentes pessoas e entre os aspectos ambíguos e paradoxais de nós mesmos. Aqui não vai uma ingenuidade, de achar que vamos conseguir atingir esse alvo em sua plenitude, mas sempre é possível seguir tentando melhorar a nossa compreensão no sentido de uma visão mais religada do mundo e sua complexidade.

Eu aponto:

— Penso que avançar nessa direção pede revisões e o exercício da crítica, mas também, e sobretudo, da autocrítica e da ética, do acolhimento da dialógica e da complementariedade presentes na vida, bem como a abertura para a imprevisibilidade, a incerteza, a desordem, o risco, as apostas e a aventura do conhecimento.

Swellen ressalta:

— Foi uma tarde bastante produtiva! Agradeço por me acolherem em seu grupo. Contudo, agora eu preciso ir andando.

Vitorino concorda:

— Vamos indo também, não é, Talita?

Ao que Talita finaliza, pegando a sua bolsa:

— Vamos, sim. Aproveitamos e saímos todos juntos.

Fernanda agradece por estar presente conosco e destaca a maravilha da tecnologia nos possibilitando fazer conexões tão frutíferas mesmo a muitos e muitos quilômetros de distância física. Despede-se.

Caminhamos até o portão de minha casa. Abraço-os um a um e reitero:

— Eu agradeço a oportunidade de compartilhar com vocês, e saibam que a casa está sempre aberta para recebê-los. Acredito que a ciência que é construída sob o signo da amizade é a que torna o trabalho mais leve, e nos leva a ultrapassar a mera dimensão da atividade profissional, encharcando de sentido a vida, compondo a tessitura das malhas da autoformação dos pesquisadores e transbordando para a construção de significados da tessitura de nossas histórias de vida intelectual e pessoal.

Assim nos despedimos, na intenção de podermos voltar a compartilhar juntos em outros novos momentos.

IMAGINAÇÃO: UM DIÁLOGO COM VIGOTSKI E MORIN POR MEIO DE CARTAS-ACADÊMICAS

A carta é um escrito que alguém envia a um ausente
para lhe fazer ouvir seus pensamentos.
[...] um espaço entre dois.
(Antoine Furetière)

UM TEMPO QUE PERMITE ACORDAR A IMAGINAÇÃO!

Os modos de pesquisar e fazer ciência carregam a marca do seu próprio tempo histórico. Não dá para tomar a história passada como cartilha do presente. Este livro compartilha os resultados de um estudo que operou com elementos que ressoam com o tempo histórico e o contexto no qual ele se inscreve, um tempo iconoclasta que convida à reinvenção, um momento histórico que convoca à convivência das *contradições* e a uma "inteligência da complexidade" (LE MOIGNE, 2000); é o tempo da brevidade e da impaciência, em que o espaço das grandes narrativas é tomado pelos breves *ensaios*.

Cabe destacar que, para o Pensamento Complexo, a construção do conhecimento se dá num processo contínuo, sempre provisório e parcial, sempre em processo de degeneração e regeneração. Esse momento presente abre espaço para novos possíveis e revisões no modo de desenharmos nossos estudos e conduzirmos as pesquisas. Afinal, o momento atual da ciência nos mostra que não há "UM" único modo, ou "O" modo, de engajarmo-nos na ciência, mas, sim, diferentes modos possíveis. A carta introdutória desta obra deixa explícito o modo de engajamento na ciência adotado pela autora deste estudo.

No tempo presente, muito se tem avançado na forma de apresentar os resultados de uma pesquisa, construindo diferentes relatórios de investigação de caráter mais criativo no que concerne à forma das narrativas. Em levantamento realizado durante o período de doutorado encontrei algumas teses e dissertações que me foram bem instigantes nesse sentido (FONTES, 2006; RODRIGUES, 2006; KNOBBE, 2007; ARAÚJO, 2009; RIBETTO, 2009; SILVA, 2009; COSTA, 2010; CARBOGIM, 2011; VEIGA, 2015; DALMASO, 2016; VASCONCELOS, 2016; BATTISTELLI, 2017; OLIVEIRA, 2018; OLIVEIRA, 2019; COSTA, 2019; PAIXÃO, 2019).

As narrativas de pesquisas são assumidas aqui, como sempre parciais, limitadas, tangenciadas por uma forma de organizar o estudo, na construção das investigações e do conhecimento. Nesse momento do texto trabalharei a seguir resultados parciais do estudo, adotando a estratégia e estética narrativa da escrita de cartas. As cartas são um caminho para a instauração de diálogos. Dialogar é construir a vida com palavras, por ideias em partilha; dar visibilidade a certos sentidos e significados; cultivar conjuntamente ideias, imagens e imaginários.

Cabe destacar que, ao lançar mão do recurso da escrita de cartas para consolidar parte do relato do estudo, não há um pioneirismo, visto que tanto estudiosos de Morin (OLIVEIRA, 2019) quanto de Vigotski (LIMA; RAMOS; PIASSI, 2020) já se lançaram anteriormente por esses caminhos, há sim, uma originalidade. Percebo em minhas incursões pela vida acadêmica que, nos últimos anos, tem aumentado por parte dos pesquisadores um interesse renascido pelas cartas, seja como documento para estudo, seja como proposição narrativa para o relato de pesquisas. Contudo proponho aqui um conceito peculiar, o de *cartas-acadêmicas*, que será melhor explorado mais adiante.

Por que cartas? Por que cartas-acadêmicas?

Um argumento para a escolha da carta como estratégia narrativa neste estudo, é que ela pode vir a ser um meio favorável para a *instauração de diálogos* e, pode favorecer e deixar aparecer a implicação e a autoria do pesquisador na construção narrativa. Ao mesmo tempo, ela é uma estratégia para ir ao encontro do outro em sua própria alteridade. É potência de *vinculação dialogal* com o diferente; estratégia de conversação que "recria a ideia da intimidade imaginada" (HAROCHE-BOUZINAC, 2016, p. 131).

Outro motivo é o fato de as cartas serem gêneros híbridos (DIAZ, 2016), como mestiça é também a proposta desta pesquisa. Maciel (2019) entende as cartas como um gênero confessional e de fronteira. Aqui proponho a tessitura de cartas-acadêmicas, em que a escrita acadêmica pode borrar fronteiras e aproximar-se da literatura como modo de narrar[33], da filosofia como caminho para pensar e argumentar, e do estilo mais aproximado de uma comunicação instigante e com leveza, na qual o autor se implica em se deixar desnudar por meio da narrativa.

O presente estudo é também um trabalho de *escrita na fronteira*, que valoriza a relação entre conteúdo e forma, e aborda um tema próprio a um "terreno intermediário" (ARNAU, 2020, p. 18) — a imaginação. Reconhecemos que é possível imaginar através de palavras, como sustentou Hillman (2010, p. 75), apontando para uma base poética da mente: "[...] mundos são criados por palavras e não somente por martelos e arames".

Um terceiro motivo para a escolha das cartas a fim de compor parte da narrativa deste estudo é que as cartas são um gênero de escrita intimista, especialmente aquelas escritas entre amigos ou amantes. E, como bem aponta Nise da Silveira (1995, p. 19) em *Cartas a Espinoza*, "mais surpreendente ainda é que à atração intelectual venham juntar-se sentimentos profundos de afeição". A autora faz essa observação quando, na narrativa de seu livro, lembra que Einstein referiu-se a Espinoza "como se entre ambos, houvesse 'familiaridade cotidiana', e dedicou a ele um poema" (SILVEIRA, 1995, p. 19-20). Para Diaz (2016, p. 11-12): "Intimamente amarradas a um indivíduo e à sua história, as correspondências eram apreciadas desde que fizessem ouvir a voz do homem privado". Contudo essa ideia intimista da carta, mais inerente ao século 19, vai sofrendo evoluções, pois a própria autora aponta: "Essa redução de sua amplitude ao pessoal e ao íntimo provavelmente a tornou para sempre indigesta aos olhos das gerações de críticos do século seguinte" (DIAZ, 2016, p. 12), referindo-se aqui ao século 20.

Cabe lembrar que, no final do século 20, as cartas vão dando lugar a um outro tipo de correspondência, agora mais aberta, que já não é mais postada em envelopes lacrados: tratam-se dos e-mails, os correios eletrônicos, que podem ser considerados um outro tipo, ou uma "evolução" [ou seria em alguns aspectos, uma involução?], do antigo modelo das cartas que acompanharam, como tudo na vida, o desenvolvimento tecnológico, com a avidez de facilitar a vida diminuindo o tempo e as distâncias. Mas esse não é o nosso foco aqui, embora proponhamos que as cartas acadêmicas são, também, cartas abertas; porém não tão sucintas em seus conteúdos como espera-se dos e-mails.

Outra característica das cartas, e que pode também ser aplicada de algum modo às cartas acadêmicas — as quais logo abordaremos —, é o fato de que "[...] por meio da carta preenchemos ausências" (COELHO, 2011, p. 46) ou "buscamos o outro ausente" (GODOY, 2010, p. 37); mas, também, paradoxalmente, a carta é de algum modo a expressão máxima da presença do outro em nossos pensamentos e ideias. Landowiski (2012) lembra que os seres humanos

---

[33] Cabe lembrar a consideração de Haroche-Bouzinac (2016, p. 17) de que as cartas são, por vezes, consideradas "[...] pelos próprios epistológrafos como algo 'abaixo' da literatura". Por vezes ela é assim vista como um "gênero menor" ou "um gênero no limbo da imperfeição".

> [...] ao enunciar (isto é, entre outras coisas, ao produzir 'textos') constroem o mundo externo enquanto mundo significante. A carta torna os interlocutores presentes na memória (e na existência semioticamente construída) um do outro. Ela preenche o vazio que separa seus interlocutores, e possibilita uma "co-presença" virtual de um ao outro. (LANDOWISKI, 2012 p. 168).

No entanto, conforme destaca o referido autor, para que a falta intersubjetiva se imponha, é preciso ter havido uma relação prévia entre os comunicantes. No caso das cartas-acadêmicas, essa presentificação se dá por vezes unilateralmente, dirigida ao objeto de nosso estudo, seja ele um autor ou uma instituição etc. Haroche-Bouzinac (2016) propõe a natureza das cartas como polissêmicas. Diaz (2016, p. 11) aponta que as cartas são "objetos literários muito paradoxais"[34].

Proponho, parafraseando os referidos autores, que as cartas-acadêmicas, como estou chamando as cartas aqui escritas, são estratégia de relato de pesquisa, possuem um caráter polissêmico e constituem um artefato acadêmico mestiço. Elas se materializam e se concretizam como um escrito na fronteira, no "entre" o íntimo de uma carta, e o público da academia. Uma carta-acadêmica cristaliza-se de uma determinada maneira conforme as entradas escolhidas, as ideias, os conceitos e as palavras elegidas para a sua composição no momento específico em que é escrita. Noutro momento, ela poderá ser escrita de uma outra maneira, usando outras entradas, palavras e ideias possíveis para comunicar e cristalizar ideias de outras maneiras sobre o mesmo tema. Destaca-se essa flexibilidade na escrita. Trata-se de um modo de armar ou compor o texto, e esses modos são na verdade múltiplos, acolhendo inclusive certa dose de organização imaginativa. Enquanto um artefato acadêmico mestiço, pode acolher informações científicas em diálogo com outros elementos, tal como a poesia, o desenho, a fotografia, a narrativa de um mito, ou pequenas partes desses e outros artefatos culturais, tal como nas bricolagens que compõem mosaicos. Nas cartas acadêmicas, os mosaicos são obra de diferentes ideias entretecidas em uma trama.

Haroche-Bouzinac (2016) aponta que as cartas têm as mesmas partes de um discurso, a saber: o exórdio, a confirmação e o epílogo. O referido autor aponta a brevidade prudente e bem adequada ao tema da carta. Contudo cabe destacar que propomos, aqui, uma carta-acadêmica (espécie de partilha narrativa, que apresenta resultados de estudos científicos), que pela própria necessidade de argumentação consistentemente fundamentada raramente consegue concretamente materializar-se tão sucintamente.

Rodrigues (2015) discute como cartas pessoais, textos de origem individual, podem posteriormente tomar a conotação de textos públicos, e discute, sem conclusões absolutas: "a quem pertence uma carta?". Cartas-acadêmicas, porém, são aqui concebidas como cartas abertas, a serem lidas pelo público acadêmico, embora endereçadas a alguém ou a alguma instituição.

O formato mestiço ou *bricoleur* das cartas-acadêmicas gera uma aproximação com diferentes linguagens artísticas como fonte de construção de conhecimentos e expressão de saberes (abrindo-se a uma contaminação[35] entre diferentes

---

[34] Escreve Brigitte Diaz (2016, p. 11): "As cartas, então, se tornaram objetos literários muito paradoxais: ao mesmo tempo que eram fervorosamente colecionadas, editadas, difundidas, comentadas, exatamente como obras de fato e de direito, foram reduzidas ao estatuto subalterno de dados biográficos ou psicológicos para servir à história de um homem e, eventualmente, de uma obra".

[35] Conforme Machado (2021), o contágio é moeda corrente no mundo contemporâneo. Essa forma de contágio, quando acontece entre diferentes linguagens, aponta para o que essa autora chama de "linguagens interagentes". São aquelas que "estimulam um outro tipo de relacionamento entre as impressões sensoriais" (p. 3), ou um "sistema de escrita resultante de um mecanismo dialógico da cultura" (p. 5). Trata-se de "[...] um universo semiótico [...] onde oralidade e escritura; prosa e verso; palavra e imagem; som e movimento; enfim, os códigos, interagem num espaço fluído [...]" (p. 10).

gêneros textuais) e incorporam outras formas de fomentar a reflexão e o pensamento, convocando diferentes linguagens (poesia, desenhos, fotografias) à uma contaminação de sua escrita. Desse modo, as cartas acadêmicas favorecem uma leitura espraiada (antropofágica, sensorial, emocional e racional), uma escrita como tessitura de artesão e uma construção de conhecimentos tramada e pautada por uma forma de "racionalidade aberta" (MORIN, 2020).

Uma carta-acadêmica tem a sua própria peculiaridade: é consistentemente entretecida com argumentos científicos. Contudo a leveza na escrita que pode materializar-se na concretude de uma carta pode dar materialidade, também, a uma carta-acadêmica, apesar da sua necessária consistência argumentativa e teórica peculiar.

leves cartas

a possibilitarem suaves aprendizados

consistentes e firmados

em uma racionalidade aberta

possibilidades de novas aprendizagens

tramadas.

(Flávia Diniz Roldão)

CARTA A EDGAR MORIN

Curitiba, 14 de outubro de 2021.

Estimado Edgar Morin,
singular poeta da complexidade.

> *Saudade eu tenho do que não nos coube*
> *Lamento apenas o desconhecimento*
> *Daquilo que não deu tempo de repartir*
> *(...)*
> (MEDEIROS, 2018, p. 9)

Escrevo esta carta como um *ritual de passagem*. Quero compartilhar com você o que aprendi sobre *imaginação*, revisitando o que tu concretizaste na escrita de algumas de suas obras. Plasmo, aqui, o que o meu olhar conseguiu capturar, metabolizar, e pude posteriormente tecer, a partir de minhas empolgantes experiências de visitas realizadas a alguns de seus escritos. Ao trilhar esse caminho, tenho me descoberto como uma visitadora de livros, colecionadora de palavras, artesã do pensamento e tecelã de algo mais que, talvez, ainda discernirei exatamente o que é.

A sua obra exala a noção de imaginação ao propor a religação dos saberes — e a sua vida, tão amplamente compartilhada nas suas várias obras autobiográficas, é uma *verdadeira performance dessa noção!* Meu encontro com suas ideias, nesses tempos do doutorado, aconteceu de modo absolutamente inusitado! Poucos dias antes do meu ingresso como estudante, fui capturada de imediato por sua proposta da necessidade de reformar o pensamento (MORIN; CIURANA; MOTTA, 2003), bem como pela forma como você concebe que o conhecimento pode ser construído (MORIN, 2015a) para merecer a qualificação de um conhecimento pertinente (MORIN; CIURANA; MOTTA, 2003). Esses temas foram desenvolvidos em sua obra amplamente conhecida intitulada *Os sete saberes necessários para a educação do futuro* (MORIN, 2000). Foram trabalhados, ainda, em muitas outras obras suas (algumas escritas individualmente, outras em parceria com amigos): *A inteligência da Complexidade* (MORIN; LE MOIGNE, 2000), *A cabeça bem feita: repensar a reforma, reformar o pensamento* (MORIN, 2003), *Educar na Era Planetária: o Pensamento Complexo como método de aprendizagem no erro e na incerteza* (MORIN; CIURANA; MOTTA, 2003), *Amor, Poesia, Sabedoria* (MORIN, 2005a), *Ciência com consciência* (MORIN, 2005b), *Introdução ao Pensamento Complexo* (MORIN, 2015a), *Reinventar a educação: abrir caminhos para a metamorfose da humanidade* (MORIN; DÍAZ, 2016) e *A aventura de O Método e Para uma racionalidade aberta* (MORIN, 2020a), para citar apenas algumas das obras, além dos seis volumes de *O Método* (MORIN, 2011a, 2011b, 2012a, 2015c, 2015d, 2016).

Outras ideias apresentadas por você que ganharam a minha atenção com destaque foram a da legitimação da possibilidade de *incorporação do erro* como parte do processo de aprendizagem; a sua visão diferente e peculiar da *verdade* (como uma busca sem fim) e *dos limites do conhecimento*; bem como a proposição de que "as ideias não são reflexos do real, mas *traduções/construções* [...]" (MORIN; CIURANA; MOTTA, 2003, p. 26, grifo nosso). O entendimento da implicação de quem conhece na construção daquilo que é conhecido faz muito sentido para mim também!

Ainda mais interessada em estudar as suas proposições fiquei quando, na viagem a São Paulo em 2019 para lhe ouvir fazer uma conferência sobre estética, adquiri sua obra, escrita em parceria com Carlos Jesús Delgado Díaz, intitulada *Reinventar a Educação: abrir caminhos para a metamorfose da humanidade* (MORIN; DÍAZ, 2016). Guardei com muito carinho o folder dessa conferência (MORIN, 2019), cuja foto coloco logo a seguir para guardar como recordação desse nosso primeiro encontro presencial, mesmo que não tenha sido possível trocarmos palavras, ou que você pudesse me ver pessoalmente. Mas eu o vi e ouvi, eu concretamente estava lá! Que emoção ouvir você presencialmente discursar!

FIGURAS 3 E 4 – FOLDER SOBRE A CONFERÊNCIA DE EDGAR MORIN NO SESC-SP

FONTE: fotografia do folder realizada pela autora

Nesse pequeno livro mencionado como tendo sido adquirido na referida oportunidade, haviam ideias contagiantes apontando para a necessidade de reinvenção da universidade. Eu sou uma professora universitária e me senti contemplada em boa parte de suas reflexões, quando você apontou para a necessária reforma da instituição universitária: "[...] a universidade é um dispositivo fundamental que necessita ser reinventado, ou seja, pensado e feito *em correspondência* com a natureza dos problemas cruciais que enfrentamos como comunidade e como humanidade" (MORIN, 2016, p. 66, grifo nosso). E por falar em problemas, temos uma amiga em comum, reconhecida pesquisadora brasileira, a saber, Maria da Conceição Xavier de Almeida, nossa querida Ceiça, que aponta para a "[...] enfermidade de um pensamento ressecado de imaginação imaginante" (ALMEIDA, 2019, p. 100) que acomete a universidade.

Quando penso na ideia da necessidade de reinvenção da universidade, proposta por você, e na necessidade de enfrentarmos a "enfermidade do ressecamento da imaginação", apontada por Ceiça (ALMEIDA, 2019, p. 104), me pergunto: *como a ideia de reinvenção da universidade e o enfrentamento da "enfermidade do ressecamento da imaginação" pode ser afrontada no cotidiano da minha docência universitária e da discência universitária de meus estudantes?* Ao refletir, sou levada a apontar para a necessidade de abrir espaço para a imaginação na minha prática docente e no fazer discente, como elemento fundante na formação universitária. Outra amiga nossa em comum, também, reconhecida pesquisadora brasileira do Pensamento Complexo, Izabel Petráglia, em conjunto com Costa (2017, p. 247-248), aponta que "[...] a poesia da vida e a estética [...] nos ajudam a encarar a insuportável realidade e a enfrentar a crueldade do mundo por meio de diferentes linguagens".

Lendo Nise da Silveira, em cartas a Spinoza (SILVEIRA, 1995, p. 19), ela inicia referindo-se a esse filósofo assim: "Você é mesmo singular!". Eu achei essa expressão muito propícia a se dizer a um intelectual como você, meu caro Morin: afinal, *você é mesmo singular!* É a singularidade da marca identitária de um autor tão crítico, mas também encantadoramente autocrítico e criativo como você, que me desperta grande admiração e inspiração!

Aqui onde vivo, tenho feito alguns movimentos na busca pela religação entre ciência e artes na formação universitária, desde que comecei a estudar o tema da imaginação em suas obras. Percebi, nesse período, que alguns poucos movimentos vão sendo feitos, também, por outros amigos professores da pós-graduação. Alguns desses são muito potentes em nos motivar, gerando por vezes uma ação muito positiva — e em cadeia —, nessas intenções de religar ciência e artes; por exemplo, cito a experiência já anteriormente relatada por alguns de nós em um texto redigido em tempos da pandemia da Covid-19 (MARIOTTI *et al.*, 2021). Aqui e acolá, entre um semestre e outro, novas pequenas experiências vão sendo proporcionadas aos nossos alunos, seja os da graduação ou da pós-graduação. Essas iniciativas de religar ciência e artes são muito importantes, embora ainda bastante pontuais; elas precisam ganhar concretamente maior amplitude nos diferentes níveis e espaços educacionais em geral e em nossos planos e práticas de ensino.

Mudando um pouco o foco de nossa prosa, quero contar-lhe outra inspiração que as suas obras trouxeram para a minha prática profissional. Em alguns semestres, lecionei uma disciplina chamada "Desenvolvimento Pessoal e Profissional". Nessa disciplina, busquei instigar os estudantes que fizessem algo que você, meu caro Morin, faz tão bem em algumas de suas obras: não apartar a vida profissional da vida pessoal (MORIN, 2006, 2010, 2012a, 2012b, 2012c, 2013, 2014a, 2015b, 2017). Afinal, se observarmos bem a complexidade real da existência, não há como operarmos essa separação sem que isso seja um procedimento artificial; somos uma mesma e única pessoa, apesar de termos diferentes facetas em nossa existência. Aprendi sobre isso com você a partir de sua própria maneira de se colocar na vida intelectual — e também quando escreveste, no *Método*, e reafirmaste em obra posterior: "Minha vida intelectual é inseparável de minha vida. [...] Não escrevo de uma torre que me separa da vida, mas de um redemoinho que me joga em minha vida e na vida" (MORIN, 2013, p. 9). Inspirado em Nietzsche, você se posiciona: "Não sou daqueles que têm uma carreira, mas dos que tem uma vida" (MORIN, 2013, p. 9).

Estimado Morin, por falar em vida, a sua obra é extremamente vivaz. Eu leio a contradição e complementariedade vida-e-morte, das teorias e da própria vida, como uma questão ontológica em seu pensamento, quando você nos aponta, em diferentes momentos e lugares de sua obra, que "[...] tudo o que não regenera, degenera" (MORIN, 2011b, p. 57, 138; 2018, p. 75). E o que significa regenerar, se não recriar? Contigo, aprendi que degeneração e regeneração, regeneração e degeneração, são processos complementares que estão no âmago da própria existência e, também, da vida das ideias e das próprias atividades dos pesquisadores. Dessa forma, entendo que a atividade criadora que sempre se encontra relacionada à atividade imaginativa (quando se trata de uma atividade do humano) é fundante, ou ocupa lugar de fundamento ontológico no seu pensamento. Aqui já entramos no assunto central sobre o qual eu pretendo dialogar com as suas ideias nesta carta: *a imaginação*.

Lembro-me vivamente, como se fosse hoje, quão tomada de profunda emoção estética eu me senti ao fruir do seu texto ainda pouco conhecido e praticamente inexplorado entre os intelectuais brasileiros: *Sobre a Estética* (MORIN, 2017). Trata-se de uma obra de poucas páginas que é pouco citada. Porém ela foi objeto fundamental de estudo para o tema o qual me propus investigar em meu doutorado (ROLDÃO, SÁ e CAMARGO, 2023) e ganhou um lugar central nesta carta que constitui parte do relatório de pesquisa.

Na minha modesta opinião, estimado Morin, essa é uma das suas obras por mim revisitadas que melhor ilustra o seu pensar complexo, que já fora manifestado anteriormente em várias outras obras que religam saberes, como na obra *O homem e a morte* (MORIN, 1976) e, posteriormente, nos seis volumes de *O Método*. Também nessa referida obra (MORIN, 2017), que na presente pesquisa ganhou uma atenção especial devido ao tema aqui em pauta, você concretiza a sua capacidade de religação. Permita-me, então, resgatar contigo, logo na sequência, um breve panorama geral de como eu a li, construindo uma espécie de metaleitura, onde coloco-a para dialogar com outras obras suas, tecendo uma espécie de teia de ideias em torno do tema da imaginação.

Esse é um escrito da sua maturidade, pois o livro é uma compilação de recentes "[...] conferências proferidas na *Maison des Sciences de L'Homme*, no primeiro semestre de 2016" (MORIN, 2017, p. 11); nas suas palavras, ele "[...] poderia ter sido o volume final de O Método". Noto então que, apesar do pequeno porte, a obra é um texto fundamental na composição de sua trajetória intelectual. É, contudo, possível observar que alguns temas nela brevemente trabalhados já haviam sido colocados anteriormente em uma de suas primeiras obras, a saber, na terceira parte do livro *O enigma do homem* (MORIN, 1979)[36], livro escrito antes dos seis volumes de *O Método* e que trazia ideias seminais, que seriam posteriormente muito mais aprofundadas nesses volumes. Nesse sentido, destaco a ideia do homem como "*Sapiens-Demens*".

Há, entre os capítulos dessa obra, uma costura muito bem tramada, tendo como foco o tema da estética ou emoção/sentimento estético, que é abordado ao longo das páginas do livro. Nele, você faz uma menção com a qual eu me ponho de acordo plenamente: "É sempre bom falar daquilo que amamos" (MORIN, 2017, p. 11). Eu, como você, também me deleito profundamente nessa temática, que se encontra diretamente relacionada com o tema da imaginação!

Na introdução da referida obra, percebo que você deixa clara a sua posição de que a emoção estética não é uma característica apenas da própria arte ou objetos artísticos. A estética é definida por você, nessa obra, como um componente integrante fundamental da sensibilidade humana, que pode estar relacionado tanto com a arte,

---

[36] Nessa terceira parte do livro, o autor aborda os temas do "Sapines-Demens", "a hipercomplexidade" e "o homem genérico".

quanto com a apreciação de algo da natureza, ou da vida cotidiana, ou em relação a criações da *imaginação* por meio da combinação de cores, sons, narrativas etc. Você inicia as suas reflexões plasmadas ali, trazendo a palavra grega *aisthesis*, que significa "sensação", "sentimento". Tu destacas que temos a capacidade de estetizar obras não destinadas especificamente a fins estéticos (aqui, ao meu entender, está intrínseca a ideia da capacidade imaginativa e construtiva humana) e a capacidade de dar sentido e significado ao mundo. Ao falar sobre a busca de sentido humano, em outra obra, *Amor, Poesia, Sabedoria* (MORIN, 2005a), você entende que o sentido não é exterior a nós mesmos, nem há um sentido originário. Novamente, aqui, percebo o papel da imaginação em nossas construções de sentido, e nesse processo lembro-me de Prigogine (2009, p. 13) quando afirma: "O futuro não está dado". Em sua obra *Cultura de Massas no século XX* (MORIN, 2009, p. 78-79), ao abordar o campo estético, você escreve: "[...] eu não defino a estética como a qualidade própria das obras de arte, mas como um tipo de *relação humana* muito mais ampla e fundamental [...] a relação estética restitui uma relação quase primária com o mundo [...]". Nessa referida obra, você destaca que a relação entre o real e o imaginário, o homem e os deuses, que era realizada antigamente por meio do feiticeiro ou do culto, agora é realizada por meio da relação estética, tendo ocorrido a passagem do mágico para o estético. Assim, o imaginário e as relações entre o real e o imaginário não são mais consumidos apenas pela magia, pelo culto, mas também pelo espetáculo e por outros modos de relação estética: as artes, a literatura e tantas outras obras da imaginação (MORIN, 2009).

Observo que tu concebes o ser humano como um ser que potencialmente pode gestar e gerar a beleza na vida. Dessa forma, a partir de minhas leituras de *Sobre a Estética* (MORIN, 2017), entendo que a capacidade imaginativa funda ontologicamente o humano e, epistemologicamente, funda as construções de conhecimento complexas operadas pelos humanos, a partir de sua sensibilidade para combinar e recombinar, ligar e religar coisas, palavras, conceitos, valores, significados e sentidos. Essa é uma potência para destrivializar o olhar, ver o que ninguém viu ainda, trazendo para o conhecido e corriqueiro "um novo olhar" (MORIN, 2015b, p. 208) — ou, lembro-me das palavras de Quintana, "um segundo olhar" (QUINTANA, 2018).

Por falar em epistemologia, em sua obra *O Cinema ou o homem imaginário* (MORIN, 2014b), percebo que você deixa clara a ideia de unidade complexa, ou complementariedade, existente entre o real e o imaginário, tanto no cinema quanto na natureza humana: "[...] o imaginário não pode se dissociar da natureza humana" (MORIN, 2014b, p. 247). E ainda: "[...] o imaginário é o fermento do trabalho de si sobre si e sobre a natureza, através do qual se constrói e se desenvolve a realidade do homem". Em *Cultura de Massas no século XX* (MORIN, 2009), você aponta:

> O imaginário é o além multiforme e multidimensional de nossas vidas, no qual se banham igualmente nossas vidas. [...] Uma cultura, afinal de contas, constitui uma espécie de sistema neurovegetativo que irriga, segundo seus entrelaçamentos, a vida real de imaginário, e o imaginário de vida real. (MORIN, 2009, p. 80-81).

Ao mencionar que, ao preparar as conferências que estão no livro *Sobre a Estética* (MORIN, 2017), você mergulhou novamente na cultura literária e poética que permeou a sua adolescência e marcou o seu espírito; você nos permite observar a capacidade estruturante de nossas identidades pelas experiências estéticas vivenciadas. Observo, ao ler o prefácio da obra, em que você menciona a sua própria experiência pessoal com a cultura humana (música, poesia, literatura) e, ao ler a introdução, onde você aponta que o sentimento estético "[...] se fortalece e se desenvolve em certas condições pessoais, culturais, históricas ou sociais" (MORIN, 2017, p. 13), que, na sua forma de entender, essa capacidade estetizadora pode vir a florescer sob determinadas condições propícias. Isso me levou a refletir e a propor que o contrário também pode ser verdadeiro: a imaginação pode ficar *desertificada*, *atrofiada* e/ou *esquelética* sob certas condições culturais, históricas e sociais. Aqui, confesso, essas reflexões me fizeram pensar que isso acontece atualmente com espantosa frequência na ciência e na educação. Cada vez que faço essa reflexão, ela me causa profunda inquietação e desencantamento, visto que entendo que a ciência e a educação são dois poderosos dispositivos potenciais na produção de novas realidades e para o exercício da imaginação, da criatividade e da inventividade na constituição e nutrição da vida pessoal e profissional.

Me chamou a atenção o fato de que, já na introdução de *Sobre a Estética* (MORIN, 2017), você expõe a sua clássica ideia (que compreendo como complementar e antagônica): a da dialogia entre as dimensões prosaica e poética, que constroem a paradoxal condição humana e a vida. Tu denotas, como a parte prosaica da vida humana, aquelas coisas que são realizadas pelas pessoas por obrigação, dever ou necessidade. Em oposição dialógica está a parte poética do humano, ligada a tudo que envolve prazer, paixão, êxtase, desejo, estética e, no meu entender, alguma margem de possibilidades de escolha. Me lembro que, anteriormente, eu já havia tomado contato com ideias suas sobre esse tema ao visitar o seu instigante livro *Amor, Poesia, Sabedoria* (MORIN, 2005a), no qual você desenvolve amplamente essa temática da prosa e poesia da vida.

Como psicóloga que sou, percebo que estudar essa temática de como as dimensões prosaicas e poéticas permeiam a vida faz muito sentido, não apenas para concebermos o modo ambíguo, contraditório e complementar com que a vida humana é construída, sempre nas incertezas, mas também para pensarmos a imaginação como uma estratégia de resistência à dimensão prosaica. Nesse sentido, a imaginação tem um *caráter político*.

Pensar a imaginação como dispositivo de resistência à dimensão prosaica da vida a partir de leitura de *Amor, Poesia e Sabedoria* (MORIN, 2005a), e como dispositivo de resistência à dimensão prosaica das relações amorosas no cotidiano com a leitura de *Edwige, a inseparável* (MORIN, 2012b), levou-me a pensar novamente na imaginação como um dispositivo existencial de enfrentamento. A resistência agora apareceu em outra área: como rechaço à dimensão prosaica do cotidiano das práticas docentes e discentes, bem como das relações entre docentes e discentes e entre discentes e docentes. Lembro-me também aqui de Octavio Paz (2012, p. 16), quando escreve, indagando: "[...] não seria melhor transformar a vida em poesia, em vez de fazer poesia com a vida?"

Na sua vida, é possível perceber a influência de *uma multiplicidade de pensadores* em sua formação intelectual (MORIN, 2014a). Dentre eles estão músicos, escritores, místicos, além de vários e diferentes filósofos. Nesse último grupo de personalidades que o influenciaram, encontram-se principalmente os seguintes filósofos: Montaigne, Pascal, Spinoza, Rousseau, Heidegger, Hegel, Marx, dentre outros. Sobre este último, um livro inteiro foi organizado (MORIN, 2010a) com textos que discutem "o marxismo de Edgar Morin" (RODRIGUES, 2001, p. 11). Também diferentes cientistas compõem o caleidoscópio plural de pensadores que de algum modo deixaram suas marcas em suas ideias e os quais eu também aprecio: Bachelard, Von Newman, Von Forester, Niels Bohr, dentre outros. Temos ainda Proust, Dostoiévski, Beethoven, a psicanálise e o movimento surrealista como outras fontes nas quais você também se inspirou. Tu és um humanista, um intelectual sensível, cujas obras fazem amplo uso de metáforas, favorecendo uma compreensão ampla, além de uma profunda intelectualidade, religando emoção e razão. Elas exalam poesia, mesmo ao abordares temas de difícil compreensão.

É muito interessante perceber o lugar central que você concebe que a cultura teve em sua história, não apenas no seu acolhimento da cultura em sua forma de pensar e teorizar. Observo que o cinema, a música e a literatura foram alimentos fundamentais na sua construção de vida e obra, e mesmo uma estratégia de resistência construída para ajudá-lo a superar a difícil e marcante *experiência da morte* de sua mãe, tema tão apontado por você em alguns de seus livros que visitei (MORIN, 2010b, 2013, 2014b, 2015b, 2017). Tendo em conta a leitura desses relatos de sua experiência, fiquei refletindo maneiras de podermos instigar os docentes e estudantes a perceberem que a experiência estética vivenciada na fruição de uma película de cinema, ou uma música, ou de uma obra de literatura, ou qualquer outro objeto estetizado, pode servir de alimento para a alma humana. A imaginação sustenta a construção de nossas subjetividades e nos favorece encontrar caminhos criativos para o enfrentamento de nossas questões existenciais humanas mais profundas, até absurdas, como a morte de alguém muito querido! É o exercício da imaginação envolvido na fruição estética e trazendo um pouco de prazer e aconchego no sofrimento humano. Mas, para além disso, reflito que os educadores podem instigar os estudantes a uma *busca ativa*, por encontrarem e fruírem materiais da cultura que possam, para além do prazer da fruição estética que a arte proporciona, e eventualmente o acolhimento que ela nos traz para lidarmos com as nossas questões existenciais profundas, favorecer a assunção de uma posição imaginativa diante da existência, que ajude na construção de novos caminhos e posicionamentos na vida.

Como canta Flávia Wenceslau de Oliveira[37], *Quem não souber* (2018):

"Persista na semente que ainda não floriu

Não deixe de amar só porque ninguém viu

Reverencie a tudo que te machucou

Verás que a luz do dia sempre te abraçou

[...]

Quando tudo que você puder for chorar

Sem saber como se despedir

De passados tão bonitos que precisam ficar

Pois o tempo nos exige em seguir

[...]

E calar for o que convier

[...]

Persista na semente que ainda não floriu"

No capítulo dois do seu livro *Sobre a estética* (MORIN, 2017), você vai aprofundar suas reflexões sobre "A natureza do sentimento estético", título desse capítulo. Você propõe que o sentimento estético nos coloca em um

---

[37] A canção pode ser apreciada em: https://www.youtube.com/watch?v=-U8ZEBylv9c.

estado alterado; é um estado poético de encantamento, maravilhamento e prazer. Esse estado pode ser encontrado em muitas e diferentes coisas, e em distintas dimensões da vida: "[...] na comunhão, no amor, no jogo, na festa" (MORIN, 2017, p. 21). Esse estado poético, você aponta, nos transforma. Eu diria que é *"dynamis"* (δυναμις), *fermento* para operar metamorfoses.

O sentimento estético é, nesse texto, definido como "[...] uma modalidade do estado poético que, por sua vez, pode ser reconhecido como uma modalidade, ou um componente de estados alterados que [...] podem se intensificar em transe, possessão, êxtase" (MORIN, 2017, p. 23). Essa sua ideia parece aproximar-se um tanto dos interesses de outros intelectuais, como escreveu Cortázar em uma carta de 1956 a Octavio Paz (PAZ, 1967, p. 12): "[...] na página 53 do seu livro você diz que 'a operação poética não difere do exorcismo' [...]."

Lembro-me que você, Morin, abordou o tema da relação entre os fenômenos mágicos e a estética em algumas de suas obras, tais como: *Cultura de massas no século XX* (MORIN, 2009); *O cinema ou o homem imaginário* (MORIN, 2014b); e *O Enigma do homem* (MORIN, 1979). Nesta você aponta que a estética pode ter duas finalidades: uma atividade estética artística e estética em si mesma; e outra relacionada aos rituais mágicos. Ainda, afirmou: "[...] os fenômenos mágicos são potencialmente estéticos e [...] os fenômenos estéticos são potencialmente mágicos" (MORIN, 1979, p. 106). Você aponta a relação entre imagem, imaginário, magia e rito, indicando que obras artísticas como a pintura, a escultura, por exemplo, quando ligadas a rituais e crenças mitológicas, podem ter uma função de proteção. Vemos isso com clareza no uso que algumas religiões fazem das imagens, por exemplo.

Caro Morin, após a leitura de seus textos, passo a pensar na *vida como uma dança paradoxal* composta de prosa e poesia. Nós humanos precisamos bailar os nossos passos nessa roda viva que é a vida. A imaginação pode ser um dispositivo do qual lançamos mão para nos movimentarmos nesse *baile*. A educação faz parte dessa dança da vida. Poderíamos nós, educadores, ajudar os estudantes a perceberem a imaginação como um dispositivo de enfrentamento dessa realidade? Poderíamos sensibilizar estudantes e professores a lançarem mão intencionalmente da imaginação como mecanismo de resistência às dimensões prosaicas da vida? Pode a imaginação apontar caminhos novos para a reconstrução dos nossos passos na vida e no processo educativo? Se o êxtase é um componente de estados alterados que favorece a experiência estética, de que modos podemos favorecer o reconhecimento de seu valor e a sua presença nas práticas educativas (sem incorrermos em excessos e irracionalismos extremados)?

Meu caro Morin, como você pode perceber, a sua obra me gerou inquietações e indagações várias que me tiraram o sono, para muitas das quais eu ainda não encontrei uma boa resposta! E isso me parece muito bom!!! Mas, em voz baixa, quero lhe contar: eu já não sou mais a mesma, nem estou mais subjetivamente no mesmo lugar onde estava. Talvez várias dessas indagações ficarão como limites deste estudo e vão frutificar nas intenções de novos pesquisadores a darem continuidade na busca por encontrar algumas respostas a elas, ou fertilizarão futuramente as minhas próprias pesquisas. Quem sabe?!

No terceiro capítulo de *Sobre a Estética* (MORIN, 2017), você aponta que toda obra de arte precisa de um *marchand*, e todo escritor precisa de um editor. Eu fiquei pensando que esse lugar de poder que implica o estar professor/educador nos aproxima metaforicamente dos *marchands* e dos editores, no sentido de que, de algum modo, nós favorecemos a circulação de algumas ideias e, intencionalmente ou não, acabamos por relegar outras ao silenciamento e ao apagamento. Atualmente fala-se em curadoria. Essa é uma dimensão política da educação. Esse processo pode até ter implícita alguma dose de falta de tomada de consciência, porém, não é em nada inocente! Envolve escolhas cotidianas. Implica em dimensões construtivas, políticas, éticas e estéticas.

No capítulo quarto de *Sobre a Estética* (MORIN, 2017), você toca no coração da estética e da criatividade; não usa o termo *imaginação*, mas essa noção está presente como o *perfume* desse capítulo. Você aponta que a criatividade "[...] se efetiva a partir da relação cérebro/mão" (MORIN, 2017, p. 39). Aqui, eu pensei na criatividade abarcando a função da imaginação e a prática da atividade criadora. Tu apontas que geralmente o autor faz parir a obra num misto de dor e alegria; eu concordo com essa ideia, entendendo que podemos incluir aqui a atividade dos escritores, dos compositores, dos pintores e talvez, dos intelectuais em geral. Você aponta que criação é um processo que muitas vezes envolve uma espécie de mimese, de possessão, de transe atenuado ou semitranse, inspiração, independentemente do tipo de arte que está sendo criada pelo artista. Destaca que, para o artista, por vezes a obra vai ser direcionada, para além do prazer estético, a uma causa política. Isso rende ao artista, muitas vezes, a concepção de si mesmo como uma espécie de herdeiro dos xamãs ou profetas, o que pode acabar dando-lhe um lugar social privilegiado. Reflito: isso exige muito cuidado!

Lendo o referido capítulo, penso que, para que os processos imaginativos encontrem espaço para fluírem e se movimentarem na vida, a pessoa precisa *sustentar esse período de certo limbo da atividade criadora,* em que o novo ainda não nasceu (e isso pode provocar alguma angústia e sofrimento), até que a criação se concretize materialmente (e o criador possa desfrutar da alegria de sua invenção), contribuindo para novos mundos possíveis. Essa ideia me lembra a noção de "gestação do futuro" proposta por Rubem Alves (1987).

Outra reflexão gerada diz respeito à importância do *desenvolvimento de uma postura* que favoreça a atividade imaginativa e seu fluxo na alma que se abre para a mimese, ou uma espécie de inspiração (ou transe atenuado), posicionando-a na vida a partir de uma "racionalidade aberta" (noção que você vai desenvolver amplamente em uma obra de 2020 — MORIN, 2020a).

No capítulo cinco de *Sobre a estética* (MORIN, 2017), você aborda a magia das artes em relação à trama da vida. Ali você destaca que a vida e a arte, se encontram entrelaçadas de maneira complexa. Essa complexidade é abordada, por você, trazendo dimensões outras que compõem a construção artística e a fruição estética sobrepujando os aspectos da consciência. Você propõe que enredadas nas tramas entre a arte, a vida, a estética e a poesia seguem as marcas do mistério, do inconsciente, dos arquétipos, das metáforas e do pensamento analógico, dentre outras marcas encharcadas de características imaginativas e subjetivas.

A leitura do referido capítulo me instigou a pensar na importância de compreender que as fronteiras entre a arte e a vida não são rígidas, mas, sim, permeáveis, fluidas; e que uma educação em que abramos espaço para a sensibilidade da interconexão dialética e/ou dialógica entre a arte e a vida, ou a atividade criativa e a existência humana (incluindo aqui as práticas educativas e o próprio processo da educação), pode nos ajudar a viver mais inventivamente. Tais inspirações puderam ser sustentadas também no capítulo sete da referida obra, em que você traz a ideia de uma relação de osmose e fluidez entre as dimensões estética, poética, mística e lúdica da vida. Ali, as fronteiras se esfumaçam, plasmando a beleza da religação dos saberes. Você afirma que "os estados poéticos não são menos 'normais' do que os estados prosaicos" (MORIN, 2017, p. 94), trazendo uma espécie de normalização desses estados poéticos para a vida. Tu abordas o tema do compromisso da estética com o real e contribui com a ideia de que "podemos mobilizar a estética e a poesia para viver plenamente a realidade". Escreve: "[...] Os maravilhamentos provocados por ela, com os quais nos banqueteamos, nos fornecem a energia para afrontar a crueldade do mundo" (MORIN, 2017, p. 100).

Sustentada no mencionado capítulo da referida obra, e no capítulo seguinte que vai tratar da relação entre a estética e a cultura, apontando a arte e a estética como meios de conhecimento, reafirmo a minha leitura da posição ontológica e epistemológica da imaginação em sua visão do mundo e sua construção. Você salienta, nesse capítulo, a vinculação entre o real e o imaginário, um alimentando o outro. Destaca as diferentes obras de arte como meios de descobrir o mundo da humanidade, da subjetividade, bem como da cultura e das diferentes sociedades. Aponta para a universalidade da estética (a meu ver, dimensão humana tão pouco reconhecida pela educação). Finaliza realçando a importância de educarmos e (re)-educarmos para a estética, e realça: "[...] o ensino das humanidades [entendidas como as artes] não é um luxo que deveria ser reduzido em prol dos ensinamentos utilitários. Mais que útil, o ensino das humanidades é indispensável e salutar para a vida de todos. Fornecem um viático para ajudar a viver, para viver melhor, para o bem viver, ou seja, para se viver lúcida e poeticamente" (MORIN, 2017, p. 116-117).

Ao longo de toda essa obra, que foi o meu principal foco de diálogo aqui contigo, percebo que salientas a contribuição oferecida pelas dimensões conscientes e inconscientes que, trabalhando dialogicamente na atividade criativa do artista, possibilitam a concretização da obra a ser criada. Tal ideia aponta para a valorização das dimensões antagônicas, complementares e concorrentes que se manifestam na complexidade da produção artística e da experiência estética. Se pensarmos a vida como uma obra de arte, poderemos propor esse mesmo olhar complementar da importância das dimensões consciente e inconsciente na construção da vida humana. A educação é um elemento fundante nesse processo construtivo.

Falando nessa relação entre consciente e inconsciente, me lembro mais uma vez da prática de Nise da Silveira e sua valorização da arte na construção das pessoas, na promoção de sua humanização que a arte favorece e no papel de promotora da saúde mental que ela pode ocupar nesse mar de caos e incertezas que é a vida. Por que eu me lembrei da Nise? Porque, ao longo de nossa carreira docente, envolvidos com a formação humana, nós educadores nos encontraremos com pessoas que passam por momentos de vulnerabilidade em sua saúde mental. Somos humanos, e nossa saúde mental não permanece em constante homeostase durante nossa existência. Então, é extremamente comum em nossa carreira docente termos que manejar esses momentos. Daí podemos nos lembrar de recorrer à vivência da arte e das experiências estéticas como nossas aliadas de múltiplas formas. Cito aqui uma: para ajudarmos os estudantes a fazerem a passagem por esses momentos vulneráveis de modo mais leve, integrando as artes e as experiências estéticas em nossas práticas educativas e nas experiências de vida. E, por favor, que eu não seja mal-entendida quanto a isso: não estou falando de um utilitarismo, mas sim da possibilidade de sensibilizarmos professores e estudantes a descobrirem que a integração da experiência estética e da prática de atividades artísticas na vida podem colaborar com uma melhor qualidade de vida e valorização da multidimensionalidade humana, explorando outros modos de viver e de produzir conhecimentos. Por falar em outros modos de produzir conhecimentos, me lembro de Sá (2019, p. 56), que escreve: "Uma Pedagogia Complexa construirá uma ciência [...] aberta ao diálogo com o novo, com o inesperado, com o diferente, com as novas linguagens e compreensões interpretativas da realidade (educativa)". Eu penso aqui no diálogo com a literatura, com a música, com as artes plásticas e o cinema. Petráglia e Costa (2017, p. 254) apontam: "Toda ação criativa reflete no tempo, no ambiente, no mundo e, [...] favorece o estabelecimento de espaços de felicidade".

Prezado Morin, não quero me delongar demais, mas preciso destacar que, dentre os diferentes gêneros que abarcam a sua escrita (ampla em termos do número de obras, da variação dos gêneros textuais e da vastidão de temas abordados), reconheço que me surpreendi com o grande número de livros autobiográficos por você produzidos e que nos permitem conhecer mais amplamente o lugar da experiência estética em seu cotidiano e sua própria história de vida. Por exemplo, cito a autobiografia *Edwige, a inseparável* (MORIN, 2012b), que narra a sua história de amor com uma de suas esposas (Edwige) e é todo ilustrado com desenhos que foram trocados por vocês dois. Esse livro me chamou a atenção e me gerou um profundo encantamento. Foi a primeira obra sua que eu li inteirinha, do início ao fim, e que deu origem a um artigo científico já publicado em parceria com meu coorientador de doutorado, o professor Ricardo Antunes de Sá (ROLDÃO; SÁ, 2020).

Caro Morin, talvez, seguindo por essa linha de reflexão, possamos favorecer, com muita singeleza, a construção de estratégias imaginativas na formação de educadores e nas práticas docentes universitárias. Uma singeleza repleta de consciência política e pedagógica, e do acolhimento da diversidade humana no fazer do processo educativo que permita gerar bifurcações. Podem a imaginação, a arte e as experiências estéticas nos apontarem novas possibilidades para bifurcar? Seria esse um caminho aberto, a ser coletivamente construído por nós, educadores, como um aumento de potência?

Lembro-me também de Stengers (2015, p. 202), em seu livro *No tempo das catástrofes: resistir à barbárie que se aproxima*, em que, citando a ideia de Spinoza sobre o aumento de potência de agir, destaca:

> A alegria, escreveu Espinosa, é o que traduz um aumento de potência de agir, ou seja, também de pensar e de imaginar, e ela tem algo a ver com um saber, mas um saber que não é de ordem teórica [...] mas o próprio modo de existência daquele que se torna capaz de sentir alegria. A alegria é a assinatura do acontecimento por excelência [...] modificando assim as dimensões já habitadas. [...] E a alegria, por outro lado, *tem uma potência epidêmica*. [...] A alegria transmitida não de alguém que sabe a alguém que é ignorante, mas de um modo em si mesmo produtor de igualdade, alegria de pensar e de imaginar juntos, com outros, graças aos
>
> No parágrafo final do livro, ela convida: "Depende de nós [...] aprender a experimentar os dispositivos que nos tornam capazes de viver tais provações sem cair na barbárie, de criar o que alimenta a confiança onde a impotência assustadora ameaça" (STENGERS, 2015, p. 203)..

Me perdoe a longa citação anterior, caro Morin, mas me pareceu importante compartilhar contigo a esperança que me faz pensar na porosidade do ser à alegria, como um aumento de potência de agir, nesses dias atuais, onde necessitamos dessa "potência epidêmica" afetando nossas vidas e nossas práticas profissionais. A ênfase que a autora dá à potência do pensar, imaginar e experimentar juntos saídas de vida e resistência também me inspira e se soma ao seu alerta, trazido no livro *É hora de mudarmos de via: as lições do coronavírus* (MORIN, 2020b), para a necessidade de mudarmos de via diante das insuficiências políticas, econômicas e sociais atuais. Para isso, na minha modesta opinião, uma tomada de posição a favor do que preserve a vida se faz fundamental. Fiquei pensando: em seu livro *As lições do coronavírus* (MORIN, 2020b), você aponta algumas vias para a nação, a civilização, a humanidade e a Terra. Fico a pensar em como podemos encontrar novas vias e abrir caminhos de mudanças no miudinho do cotidiano, com o recrutamento da imaginação para a gestação dessas transformações necessárias?

Então, novamente me lembrei que Stengers (2015) fala do pesquisador como alguém que nomeia, e que nomear é fazer sentir e pensar, não definir. Me lembro que você mesmo, Morin, no livro *O homem e a morte* (1976), ao discorrer sobre a linguagem, aponta que as palavras nomeiam, permitem a expressão e evocam estados subjetivos e afetos. Recordei Clarissa Pinkola Estés e suas muitas narrativas medicinais, apresentadas em determinada obra (ESTÉS, 1998, p. 10) ao modo de narrações transmitidas e aprendidas na família, como remédios de uma ampla farmácia: "Para ensinar, para corrigir erros, para iluminar, auxiliar a transformação, curar ferimentos, recriar a memória. Seu principal objetivo consiste em instruir e embelezar a vida da alma e do mundo". Ela destaca: "É preciso que saliente também que muitos dos remédios, ou seja, histórias mais poderosas, surgem em decorrência de um sofrimento terrível e irresistível de um grupo ou de um indivíduo". Aí pensei na definição de pesquisa que adotei: pesquisar é narrar. Novamente, me vem a pergunta: será que a imaginação concretizada por meio da narrativa pode nos ajudar a pensar, fazer sentir e então mudar de via no miudinho do dia a dia da nossa própria vida pessoal e como educadoras e educadores? Ainda estou refletindo... mas já comecei também a operar. Você percebe?

Sem querer prolongar-me demais nesta carta, querido Morin, pois meu papel de carta até já vai acabando, quero afetuosamente dizer-lhe que conhecer as suas ideias tem transformado a minha própria prática docente! Eu passei a religar os diferentes saberes, possibilitando aos meus estudantes que, sempre que possível, se utilizem de práticas artísticas como a poesia, a música, o desenho e a literatura para construírem e expressarem os seus saberes nas diferentes etapas do processo de aprendizagem, da construção à avaliação do conhecimento. Também passei a sensibilizá-los para a importância, em seu processo formativo, não apenas da crítica, mas, também, da autocrítica.

Quero manifestar que MUITAS seriam as possíveis entradas para abordar a imaginação na sua vasta obra. Esta é apenas a primeira de muitas outras cartas-acadêmicas que podem vir a serem construídas, inspirando-nos a refletir e a dar visibilidade para o quão central é esse tema da imaginação na sua vida e obra(s), bem como na reinvenção da universidade, das práticas docentes e discentes na formação universitária, da vida e educação.

Finalizando, Morin, eu tive aqui um devaneio: será que poderiam essas cartas, quem sabe, formarem uma coleção de cartas-acadêmicas, compondo um livro que ajude a semear e resistir ao acanhamento da expressão da imaginação na educação universitária?

Esta carta é apenas uma pequena gota de diálogo com o oceano vasto das suas obras. Com você, com Sá (com quem convivi nesses últimos quatro anos de estudo) e posteriormente com Ceiça, aprendi que, mais do que uma cabeça cheia, o desafio é ter uma "cabeça bem feita" (MORIN, 2003)[38]. Afinal, como você aponta: "a educação pode ajudar a nos tornarmos melhores, se não mais felizes, e nos ensinar a assumir a parte prosaica e viver a parte poética de nossas vidas"; e, quando falamos de formação (de professores), não podemos esquecer de que "[...] a missão do didatismo é encorajar o autodidatismo, despertando, provocando e favorecendo a autonomia do espírito" (MORIN, 2003, p. 11).

Venho por agora me despedir temporariamente. Afinal, como Anjos (1996, p. 13) expressou, ao escrever uma carta aos seus leitores: "Todas as cartas contêm situações do cotidiano e sempre há sobre o que refletir. Elas expõem o problema, o emaranhado, mas também o jeito amoroso de resolvê-lo".

---

[38] É importante que, antes que críticas sejam dirigidas a essa expressão, compreenda-se o que ela significa para cada um de nós. No caso deste trabalho, para mim essa expressão refere-se ao exercício do saber operar um pensamento complexo, usando a imaginação como princípio ontológico na construção de conhecimentos.

O sentimento que quero partilhar contigo, nesse final, é de extrema gratidão por sua existência pessoal e intelectual que, por meio de suas obras, tanto inspiraram mudanças significativamente profundas em minha própria prática, assim como as reflexões e proposições finais deste estudo.

A sua proposta de que o ensino das humanidades "não é um luxo que deveria ser reduzido em prol dos ensinamentos utilitários" (MORIN, 2017, p. 116) aponta para uma forma de resistência ao pragmatismo e ao tecnicismo tão enfatizado na formação universitária na contemporaneidade. Como tu mesmo enfatizas: "Mais do que útil, o ensino das humanidades é indispensável e salutar para a vida de todos" (MORIN, 2017, p. 116). Essa perspectiva deixa expressa uma dimensão política para a educação, claramente evidenciada. Considerar como fundamental tal ideia, aponta para uma reforma necessária nas práticas docentes e discentes na universidade. Entende-se que a introdução da imaginação como categoria fundamental e fundante na formação universitária de educadores pode favorecer um deslocamento para a revitalização, e alguma reinvenção, das práticas docentes universitárias. Pode favorecer, ainda, uma reorganização do conhecimento, religando o que foi historicamente separado e favorecendo novas narrativas, construtoras de novos mundos possíveis, e a formação de profissionais preparados para o exercício profissional de uma maneira mais imaginativa no cotidiano das práticas educativas na universidade.

Parafraseando você, quando escreve: "Estudando o cinema eu não apenas estudei o cinema, mas continuei estudando o homem imaginário" (MORIN, 2014b, p. 18), eu diria que estudando a imaginação, eu não apenas estudei a imaginação, mas também o processo de construção de conhecimento científico, a construção dos relatórios de pesquisa científica e as formas de narrar um estudo científico.

Finalizo construindo um poema, parafraseando Antonio Machado, tão retomado em suas obras:

Caminhante não há caminho
O caminho se faz
construindo novos possíveis
Caminhante não há caminho pronto
O caminho se faz imaginando
novas práticas imaginativas para a docência
Imaginar é a própria trilha para a mudança e o vigor renovado
Professora ponha o pé na estrada sem olhar para trás
Posicione-se
Deixe marcada na história
as pegadas de sua trilha imaginativa
Praticar uma docência imaginativa
exige apostar começar e continuar
Por diferentes saberes para
dialogar tramar tecer e religar
diferentes conhecimentos e linguagens

Até breve,
estimado Morin

*A aprendizagem concebida como
atividade criadora,
supõe mudança na proposta pedagógica:
mudança de uma prática que
nega, reprime, exclui,
censura, subordina,
marginaliza a imaginação
e a vida afetiva dos alunos,
para uma prática que transforme
a imaginação e a afetividade
em ações mobilizadoras da atividade*
(CAMARGO; BULGACOV, 2008)

CARTA A VIGOTSKI

Eu ontem estava dando continuidade às minhas leituras referentes à pesquisa de doutorado. Era uma noite fria; eu estava entre muitos cobertores e travesseiros, aconchegada na minha cama e concentrada por muitas horas de leituras. Adormeci rodeada de livros escritos por você, Vigotski. A cabeça tombou e o livro que estava lendo caiu sobre o meu peito quando a mão relaxou com o sono... e sonhei! Sonhei que estava dialogando contigo da mesma maneira que o fiz com Edgar Morin, por meio de uma carta. No sonho, eu pensava: "Como você consegue dialogar com ele, que já faleceu há tanto tempo? Isso é impossível!" Mas, ainda assim, eu continuava um vivaz diálogo contigo, mesmo sabendo que tu jamais o lerias. Foi uma conversa e tanto! Acordei e resolvi escrever-lhe uma carta que pudesse mediar uma conversa real entre eu e os estudantes de uma disciplina que ministro na universidade, a disciplina de "Psicologia Histórico-Cultural"; afinal, estamos vivos, tal qual permanecem vivas e inspiradoras as suas ideias. Esta é uma carta aberta, sem envelope e sem o endereço conclusivo do destinatário; ao mesmo tempo, é destinada a muitos leitores, aos meus alunos e a outros demais educadores. Iniciei a carta assim:

Curitiba, 17 de outubro de 2021.

Caro Vigotski,

Você é um dos meus polímatas[39] prediletos! Devo confessar que foi essa característica que percebi em você, logo no início dos meus estudos de mestrado, que gerou o desejo de conhecer melhor a sua obra agora no doutorado. Você não é um polímata passivo[40] e isso sempre me encantou, especialmente quando percebi o grande número de obras escritas por você num tempo de vida tão curto e atribulado (conforme já compartilhamos, em escrito anterior, os resultados de nossa investigação sobre a sua vida) (ROLDÃO; CAMARGO; DIAS, 2019).

Fico matutando que as ideias dos polímatas costumam ser bastante imaginativas, visto que eles são pessoas que dispõem de muitas e diferentes fontes de conhecimentos que podem ser combinados em suas teorias. Vejo em você um intelectual persistentemente imaginativo em sua ideia de trabalhar para a formação do novo homem soviético pós-revolução. Ao compartilhar isso, já quero entrar em diálogo com você a respeito do que versa esta carta: o tema da *imaginação* em algumas de suas obras. Tomarei por base, para esta carta, sobretudo o seu livro *A imaginação e criação na infância*, estudado por mim em algumas de suas várias traduções (VIGOTSKI, 1999c, 2009, 2018; VYGOTSKY, 2014).

Meu caro Vigotski, nós estamos separados por uma grande distância no tempo; afinal, já se vai mais de um século do ano de seu nascimento (1896), e um pouco menos de um século no que se refere a mais ou menos um decênio antes de sua morte, período que podemos localizar como o marco do início de sua abundante produtividade acadêmica, que segue até o seu falecimento em 1934. Devo dizer-lhe que, apesar disso, aqui em meu país, as suas ideias continuam frutificando no imaginário docente de grande número de educadores nos vários níveis da educação. Você é bastante conhecido no Brasil, sobretudo por suas ideias referentes à Teoria Histórico-Cultural, que aqui tem sido denominada também de outras diferentes formas como Psicologia Sócio-Histórica e Psicologia Sócio-Cultural (REY, 2002a). Também a pluralidade de classificações que se tem feito da sua teoria, como já discutido por Tuleski (2008), uma estudiosa de suas ideias, é algo que acaba muitas vezes trazendo confusão e certa dificuldade para uma compreensão mais concatenada do seu pensamento.

Aliás, querido Vigotski, acredito que você, como eu, ficaria espantado (ou talvez desapontado) ao ver as inúmeras controvérsias que envolvem a sua vida e obra, e a forma concreta pela qual as suas ideias e raciocínios intelectuais chegaram e frutificaram aqui em meu país. Isso torna estudar as suas proposições um desafio altamente embaraçoso, especialmente ao pesquisador que não domina o idioma russo. Exige um grande dispêndio de leituras na tentativa de intentar decifrar tais controvérsias, em busca de uma mínima confiabilidade nas informações, para poder construir uma compreensão interpretativa de sua obra.

No que tange aos seus escritos, a sua obra que ganhou valor especial para o tema de estudos que me propus a investigar no doutorado, a imaginação (VIGOTSKI, 1999c, 2009, 2018; VYGOTSKY, 2014), ganhou um maior interesse dos estudiosos neste século. É a partir dela que pretendo construir uma compreensão de como você trata o tema da imaginação — dialogando, porém, com outras obras suas.

---

[39] Os polímatas são pessoas que se interessam e aprendem muitos assuntos (BURKE, 2020). Há diferentes tipos de polímatas. São chamados polímatas circunscritos "[...] acadêmicos que dominam algumas disciplinas relacionadas, seja em ciências humanas, naturais ou sociais" (BURKE, 2020, p. 26).

[40] Conforme Burke (2020, p. 26) os polímatas passivos "parecem saber tudo, mas não produzem nada".

O livro que tomo como a principal obra sua que trata do tema da imaginação, a saber, *Imaginação e criação na infância,* foi publicado no Brasil pela primeira vez apenas no início deste século, em 2009, pela editora Ática. Essa obra foi traduzida por Zoia Prestes e é acompanhada de um comentário redigido por Ana Luiza Smolka. A obra tem sido muito bem acolhida em nosso país, alcançando o marco de venda de seis mil exemplares (PRESTES; TUNES, 2018). Uma segunda edição foi realizada pela Editora Martins Fontes (2014), cuja tradução foi efetuada por João Pedro Fróis. Outra publicação foi feita em 2018; sua tradução foi empreendida por Zoia Prestes e Elizabeth Tunes, e os direitos autorais foram doados à Editora Expressão Popular. Nesta carta, tomamos como fonte de estudos especialmente essa última versão (VIGOTSKI, 2018).

Cabe fazer aqui uma observação: o referido livro (VIGOTSKI, 2018), foi escrito tendo como foco a infância. Porém, apesar das muitas passagens onde você se dirige especificamente a essa etapa da vida e amplia um pouco mais para abordar o adolescente, há alguns capítulos em que você aborda o tema de modo mais genérico. A partir de minha assimilação das ideias dessa obra explicitadas por você, entendo que há muitos ensinamentos que podemos aprender com o seu texto para pensar também a educação de jovens, adultos e idosos. Isso percebo de maneira especial no que tange aos primeiros capítulos. Explorei-os, então, um pouco mais, pois nosso foco está na construção de pistas para a formação de estudantes no ensino superior.

O referido livro foi traduzido em nosso país recebendo diferentes títulos: *Imaginação e criação na infância: ensaio psicológico. Livro para professores* (2009), *Imaginação e criatividade na infância* (2014) e *Imaginação e criação na infância* (2018)[41] — a edição publicada em espanhol, em 1999, saiu com o título *Imaginación y creación en la edad infantil*. Em nota de rodapé, em seu texto "Sobre o problema da psicologia do trabalho criativo do ator" (VIGOTSKI, [1936] 1999c) traduzido por Achilles Delari Junior, o tradutor (em nota) aponta:

> Note-se que "tvortchestvo" (palavra que no título do artigo de Vigotski foi traduzida por "creative work", "trabalho criativo") aqui está traduzida por "creativity", "criatividade". Cabe lembrar que o conhecido livro de Vigotski cujo título em espanhol ficou "La imaginación y el arte en la infância" é tradução de "Воображение и творчество в детском возрасте" (Voobrajenie i tvortchestvo v detskom vozraste). Então, além de "Imaginação e arte" na "infância" ou "idade infantil", poderia ser ainda: "Imaginação e criatividade", "Imaginação e criação" ou "Imaginação e trabalho criativo", conforme as opções do tradutor, para um mesmo signo utilizado por Vigotski em russo: "tvortchestvo" (VIGOTSKI, [1936] 1999c, p. 24, nota do tradutor).

Temos aqui, já no título, meu caro Vigotski, uma pequena mostra da ambiguidade e controvérsia que marca o processo de tradução de várias de suas obras para o português. Essa controvérsia sobre como as suas obras sofreram vários percalços já foi apontada em diferentes momentos por alguns autores, especialmente Prestes (2010), em sua tese de doutorado, e artigos (PRESTES, 2014; PRESTES; TUNES, 2011). Apesar de esse ser um problema importante, do qual um pesquisador que investigue as suas ideias precisa cuidadosamente se dar conta, não vou me enveredar por esse caminho aqui nesta carta — já escrevi anteriormente um texto em parceria com duas professoras (ROLDÃO; CAMARGO; DIAS, 2019). Aqui quero manter o foco de como leio que o tema da imaginação aparece na sua obra.

Antes, porém, volto a lembrar que você atuou como crítico de arte (BORTOLANZA; RINGEL, 2016), foi apreciador de teatro (BARROS; CAMARGO; ROSA, 2011), poesia e literatura (VAN DEER VEER; VALSINER, 2014), tendo

---

[41] Esta última versão será a mais citada nesta carta, embora todas as demais tenham sido também visitadas e consultadas.

escrito um trabalho monográfico sobre *A tragédia de Hamlet, príncipe da Dinamarca* (PRESTES, 2010), que foi publicado posteriormente como livro (VIGOTSKI, 1999d). Segundo Van der Veer e Valsiner (2014), você se aproximou da psicologia justamente por meio de seu interesse pelas artes literárias. Apreciando o que escreveram alguns estudiosos sobre a sua teoria psicológica (REY, 2012; VAN DER VEER; VALSINER, 2014), é possível compreender que ela é uma teoria que emerge advinda posteriormente a esse seu contato com o mundo artístico, que parece ter sido fortemente presente também em sua vida, pelo menos na juventude. Rey (2018) vai destacar que você dá atenção ao tema da arte numa época em que a cultura e as artes estavam excluídas do contexto da Psicologia. Eu enfatizo isso como sendo um dos aspectos da *originalidade* da sua produção nessa área.

É interessante destacar que, já no nome que é dado (por alguns) à teoria psicológica que você desenvolveu, aparece o termo "cultural". De fato, você assinala em suas reflexões a marca indelével da cultura e do social sobre a constituição do psiquismo humano. Partindo desse princípio, entendo que também essa marca da cultura e do social vão estar forjadas na subjetividade de cada pessoa que faz um trabalho criador, ao mesmo tempo que as criações, especialmente as obras de arte, exercem sua influência na sociedade e na consciência de um povo, como você bem explicitou (VIGOTSKI, 2018).

O tema da atividade criadora é abordado direta e explicitamente nos oito capítulos da obra *Imaginação e Criação na Infância* (VIGOTSKI, 2018). Logo de início, no primeiro capítulo, denominado *Criação e imaginação*, lemos:

> Chamamos atividade criadora do homem àquela em que se cria algo novo. Pouco importa se o que se cria seja algum objeto do mundo externo ou uma construção da mente ou do sentimento, conhecida apenas pela pessoa em que a construção habita e se manifesta. (VIGOTSKI, 2018, p. 13).

Na tradução para o espanhol, essa frase está um pouco diferente, e inclui o termo *"organización del pensamiento o de los sentimientos"* (VIGOTSKY, 1999):

> *Llamamos actividad creadora cualquier tipo de actividad del hombre que cree algo nuevo, ya sea cualquier cosa del mundo exterior producto de la actividad o cierta organización del pensamiento o de los sentimientos que actúe y esté presente solo en el propio hombre.* (VIGOTSKY, 1999, p. 5).

Essa ideia de organização, ou mesmo, a meu ver, de reorganização (de dados, fatos, palavras, situações etc.), na minha leitura de suas proposições será muito importante, e você certamente poderá observar isso nas argumentações a seguir nesta carta.

Antes de mais nada, meu caro Vigotski, devo dizer-lhe que essa primeira frase do seu livro (VIGOTSKI, 2018), já anteriormente citada, me fisgou desde os tempos de mestrado e seguiu comigo anos a fio, desde a primeira vez que a li. Eu vi nessa proposição uma noção ampla de atividade criadora, que poderia servir de princípio para a construção de todas as dimensões da vida humana de modo imaginativo, por meio da recombinação de componentes. Refleti: *a imaginação está ontologicamente na base de todos os processos criadores;* ela é um processo fundamental e originador — embora ela não seja o único processo psicológico envolvido na atividade criadora, como você bem aponta nesse e em outro texto (VYGOTSKY, 2001), pois a memória também aí participa[42], trazendo os componentes que serão recombinados de forma diferente.

Por que estou discutindo aqui a atividade criadora, se o meu tema de interesse, nesta carta, é de fato a imaginação? Estaria eu tomando o termo *atividade criadora* como sinônimo de *imaginação*? Não, não é esse o caso. Contudo me parece que você utiliza o termo *atividade criadora* em algumas passagens de sua obra (VIGOTSKI, 2018) como sinônimo de imaginação, fantasia, atividade combinatória, comportamento combinatório e comportamento criador. Por exemplo, lembro-me que escreveste: "A psicologia denomina imaginação ou fantasia a essa atividade criadora baseada na capacidade de combinação do nosso cérebro" (VIGOTSKI, 2018, p. 16). A mim, parece importante compreender a imaginação como uma *função psicológica*, de produzir imagens, que se encontra na base da atividade criadora, dando assim a ambas um lugar relacionado, porém diferenciado, não tomando imaginação e atividade criadora como termos sinônimos. Entendo que a atividade criadora e seus produtos são a manifestação concreta do exercício da imaginação (enquanto função psíquica).

A imaginação é, a meu ver, *ontologicamente fundante dos processos criadores*. Cabe lembrarmos o que Rey (2003, p. XI) nos aponta: "ontologia não é sinônimo de 'coisa', mas de realidade constituída em formas particulares como acontece com os sistemas complexos que têm aberto as representações humanas a formas novas de realidade que seriam inimagináveis há algumas décadas". Você mesmo, prezado Vigotski, expõe a peculiaridade da imaginação, apontando que é impossível reduzi-la a outras funções. Assinala:

> [...] *la diferencia principal entre la imaginación y las restantes formas de actividad psíquica humana consiste en lo siguiente: la imaginación no repite en iguales combinaciones y formas impresiones aisladas, acumuladas anteriormente, sino que construye nuevas series, a partir de las impresiones acumuladas anteriormente. Con otras palabras, lo nuevo aportado al propio desarrollo de nuestras impresiones y los cambios de éstas para que resulte una nueva imagen, inexistente anteriormente, constituye, como es sabido, el fundamento básico de la actividad que denominamos imaginación.* (VYGOTSKY, 2001, p. 423).

Com essa sua proposição conceitual da imaginação, em diálogo com outras ideias de Rey, que foi um estudioso de suas obras e proponente da teoria da subjetividade (REY, 2003), eu percebi que a função da imaginação que está na base dos processos criadores pode ser uma estratégia de reinvenção dos modos de vida em seus aspectos internos, imateriais, individuais e subjetivos, bem como externos, sociais, concretos e objetivos. Você trouxe isso brevemente em sua obra (VIGOTSKI, 2008), porém esse aspecto não foi ali mais amplamente desenvolvido. Aqui no doutorado, em que estudo esse tema da imaginação, revisitando a sua obra, sou levada a propor a imprescindibilidade dos educadores explorarem a sua função imaginativa para a construção de si e do mundo sócio-histórico e cultural, mobilizando novas organizações do pensamento e/ou do sentimento, movimentando atividades criadoras que possam produzir novas realidades (sejam elas uma criação do mundo externo, da mente ou do sentimento). Afinal, como educadores, é impossível auxiliarmos nossos educandos a se tornarem seres que exploram o seu potencial imaginativo se nós mesmos fazemos vistas cegas ao potencial inventivo, construtivo e criativo da imaginação na vida.

Prezado Vigotski, você frisa que a atividade criadora "[...] faz do homem um ser que se volta para o futuro, erigindo-o e modificando o seu presente" (VIGOTSKI, 2018, p. 16). Na base da atividade criadora está a imaginação. Logo, o

---

[42] Porém, sem a participação da imaginação, a memória sozinha é apenas atividade reprodutora.

exercício dessa função dá aos humanos a possibilidade da esperança, da mudança, das transformações e ressignificações da vida e reconstruções da sociedade e da cultura. Sem o exercício da imaginação, estaríamos fadados à mesmice da repetição. Proponho, então, que o amplo uso da imaginação é um exercício de resistência ao comodismo da repetição e, ao mesmo tempo, um exercício de provocação do estranhamento, que convida ao acolhimento da diferença na vida e valoriza a atividade criadora.

Você sublinha que o significado que é dado à imaginação no âmbito da ciência é diferente daquele que é geralmente dado pelas pessoas no cotidiano, a saber: "[...] tudo o que não é real, que não corresponde à realidade e, portanto, não pode ter qualquer significado prático sério" (VIGOTSKI, 2018, p. 16). Mas foi com as suas ideias que eu percebi, pela primeira vez, que imaginação é um dos assuntos mais significativos, fundamentais e importantes da vida humana. Quanto ao real, tal conceito parece dar uma discussão bastante interessante (eu ainda estou pensando sobre esse assunto sem firmar uma posição absoluta). Sobre as fronteiras entre o real e o ficcional, essas também são passíveis de discussão.

Nas suas palavras, a imaginação é "[...] uma função vital necessária" (VIGOTSKI, 2018, p. 22). Você pondera, explicitamente, que a imaginação é algo muito importante, não apenas nas dimensões culturais, lúdicas ou como uma categoria atrelada ao pensamento da infância (embora você trabalhe essa última noção muito mais amplamente em sua obra). Permita-me trazer, então, as suas próprias palavras: "Na verdade, a imaginação, base de toda atividade criadora, manifesta-se, sem dúvida, em todos os campos da vida cultural, tornando igualmente possível a criação artística, a científica e a técnica" (VIGOTSKI, 2018, p. 16). A meu ver, esse primeiro aspecto mencionado é muito mais enfatizado na sociedade atual em meu contexto, ficando por vezes o aspecto imaginativo completamente renegado, ou em um segundo plano de atenção, quando se trata da ciência e da técnica.

Gostaria de ter a oportunidade de compartilhar contigo, querido Vigotski, que, na ciência, um aspecto que muito me interessa é justamente pensar a imaginação como categoria fundante para refletirmos sobre a escrita acadêmica: nos relatórios de pesquisa (nas construções de dissertações e teses), nos trabalhos acadêmicos e nas demais publicações científicas.

Alexandre Nodari (2015) escreveu um texto intitulado "Antropofagia. Único sistema capaz de resistir quando acabar no mundo a tinta de escrever". Achei esse título bastante sugestivo. Ainda que o texto seja bem interessante, vou tomar a liberdade de apontar que é com essa frase do título — que ele conta que foi retirada de um outro texto escrito por Oswald de Andrade — que quero dialogar. Quando li essa frase, eu imediatamente a parafraseei: "Imaginação. Única função capaz de resistir quando acabar no mundo a tinta de escrever". E fiquei pensando: "Será que essa tinta não está na fase do esgotamento?". Minha questão tem por mote o amplo ciclo repetitivo, nada imaginativo, da escrita de artigos científicos, todos dentro de um mesmo formato absolutamente enquadrado nas proposições ressecadas de uma rígida metodologia científica, para que possam ser mais facilmente aceitos para a publicação em revistas qualisadas. Eu mesma, que agora estou finalizando o doutorado, fico me fazendo uma pergunta que me acompanhou durante todo o percurso acadêmico: há brechas que me possibilitem bifurcar e pegar um outro rumo mais imaginativo na escrita científica, sem me colocar absolutamente fora do "jogo do sistema acadêmico"? Confesso que essa questão ainda está sem resposta relativamente satisfatória. Quem sabe alguns dos leitores desta carta tenham algumas ideias e me ajudem a construir algumas pistas que indiquem possíveis saídas! Pensando nesse assunto coletivamente e movimentando-o para discussões conjuntas, talvez alguns de nós que nos inquietamos com essa questão possamos *somar* na busca por novas saídas possíveis.

Nesse seu pequeno, porém profícuo livro intitulado *Imaginação e Criação na Infância* (VIGOTSKI, 2018), sobre o qual estou me debruçando, chamou-me a atenção o amplo diálogo intelectual que você estabelece com inúmeros e diferentes intelectuais: escritores, poetas, pedagogos, artistas plásticos, professores, críticos de arte, psicólogos, psiquiatras, linguistas, arqueólogos, historiadores e filósofos. A saber, são citados no livro: Ribot, Tolstoi, Binet, Pascal, Goethe, Gogol, Puchkin, Dostoiévski, Gros, Compayré, Weismann, Soloviov, Bernfeld, Jurina, Reévész, Busemann, Linke, Shlag, Gut, Stern, Vartiorov, Chneerson, Pistrak, Giese, Blonski, Gaupp, Lermontov, Gornfeld, Uspenski, Luquet, Barnés, Kerschensteiner, Ricci, Bühler, Sully, Bakuchinski, Levinstein, Sakulina, Pospelova, Labunskaia e Pestel (VIGOTSKI, 2018). Em referência a alguns desses nomes citados, as tradutoras não conseguiram identificar (para poder colocar nas notas de rodapé, como fizeram com outros autores) informações a respeito de quem eram alguns e algumas das autoras ou autores por você citados. Seria assunto de uma interessante conversa se eu pudesse investigar isso junto a você.

Quero destacar que foi com você que aprendi essa busca incansável por estabelecer um diálogo exaustivo com outros intelectuais quando estamos nos dedicando a estudar um tema. Esse é um modo de construir o conhecimento. Eu sempre achei essa sua característica como intelectual bastante interessante, pois suas obras nos possibilitam ampliar a nossa visão sobre um tema, não apenas por aquilo que você próprio construiu de conhecimento, mas conhecendo, por meio da sua escrita, o que outros pensadores construíram acerca do mesmo assunto. Apesar de ser um estilo construtivo não linear, que dificulta um pouco uma leitura direta e objetiva, e que metaforicamente se aproxima do formato de uma espiral, é também uma leitura densa, que traz muitas outras informações sobre um determinado tema para além de suas próprias ideias a respeito dele. Esse formato nos permite, ainda, acompanharmos, de certo modo, uma aproximada gênese da construção de suas ideias. Me senti por muitos anos profundamente influenciada por você nesse aspecto e percebo que o tenho repensado nos últimos meses. Talvez, em algum outro momento, quando essa minha mudança de perspectiva estiver (talvez) mais consolidada, poderemos retomar esse assunto.

Quando você aborda o tema da criação humana, um aspecto que vale colocar em destaque é a sua clara concepção de que sentimento e pensamento formam uma totalidade e influenciam-se dialeticamente nesse processo. Logo, se anteriormente apontei que você coloca a imaginação como base do processo criador, agora necessito integrar a ela outras funções psíquicas superiores: o sentimento e o pensamento. Em sua obra (VIGOTSKI, 2018, p. 31), lemos: "É quando temos diante de nós o círculo completo descrito pela imaginação que os dois fatores – intelectual e emocional – revelam-se igualmente necessários para o ato da criação. Tanto sentimento quanto o pensamento movem a criação humana".

É interessante perceber que essa ideia anteriormente mencionada se desenvolveu em diálogo com ideias de Ribot, psicólogo francês que, no texto, você cita logo na sequência a essa afirmação[43]. Estudando a sua obra, cabe destacar que, ao que parece, quando o tema é imaginação (e também atividade criadora), esse é um dos autores com os quais você dialoga bastante, seja acolhendo as suas ideias como inspiração ou contrapondo-se a elas (VIGOTSKI, 2018; VYGOTSKY, 2001; VIGOTSKI, 1999b). Faço menção aqui a esse autor, pois me chamou muito a atenção quando percebi, na sua conferência *"La imaginación y su desarrollo em la edad infantil"* que, ao que parece, foi inspirado nas ideias dele de

---

[43] "Diz Ribot: Qualquer pensamento preponderante é sustentado por alguma necessidade, ímpeto ou desejo, ou seja, por um elemento afetivo, pois seria um absurdo completo crer na constância de qualquer pensamento que, supostamente, se encontraria num estado puramente intelectual, em toda a sua aridez e frieza. Qualquer sentimento (ou emoção) preponderante deve concentrar-se numa ideia ou numa imagem que o encarne, sistematize-o, sem o que ele permanecerá num estado vago. [...] Dessa forma, podemos ver que esses dois termos – pensamento preponderante e emoção preponderante- são quase equivalentes porque tanto um quanto o outro envolvem os dois elementos inseparáveis e indicam apenas a preponderância de um ou de outro" (RIBOT apud VIGOTSKI, 2018, p. 32).

"Imaginação reprodutiva e imaginação criadora ou reconstrutiva" que você propõe, no livro *Imaginação e Criação na Infância* (VIGOTSKI, 2018), os dois tipos de atividade do comportamento humano: "reconstituidora ou reprodutiva" e a "combinatória ou criadora" (VIGOTSKI, 2018, p. 13-15).

Foi a partir da leitura desse trecho do livro, em que você faz essa discussão sobre essas duas atividades, que minhas reflexões me levaram a perceber que é importante que eu, como educadora, possa priorizar em minhas próprias práticas educativas a função combinatória/criadora do comportamento humano sobre a função reprodutiva/reconstituidora, se desejar formar educadores imaginativos e inventivos.

Ah, meu caro Vigotski, eu já ia me esquecendo! Ainda sobre o aspecto de participação do sentimento na atividade criadora, cabe mencionar que você destaca a "lei da realidade emocional da imaginação" formulada por Ribot, segundo a qual "todas as formas de imaginação criativa contêm em si elementos afetivos" (VIGOTSKI, 2018, p. 30). As pessoas são afetadas por esses elementos ao entrarem em contato com uma obra, e os sentimentos despertados nessa relação afetam-nas de maneira real, ocorrendo a catarse (uma descarga de energia emocional transformando os sentimentos).

Mudando de assunto, quero realçar a sua perspectiva quanto ao que move os sujeitos ao processo criador, e convoca ao movimento o exercício da imaginação. Coerente à sua base filosófica — o Materialismo Histórico-Dialético — você indica como fonte ou fundamento dos processos criativos, a necessidade, os interesses e as experiências. Nesse sentido, você argumenta: "Já mencionamos que a atividade da imaginação depende da experiência, das necessidades e dos interesses sob cujas formas essas necessidades se expressam" (VIGOTSKI, 2018, p. 43).

Suas ideias mencionadas anteriormente apontam que é preciso haver algum desconforto, interesse ou necessidade — algo que mobilize o ser e o coloque em movimento reelaborativo e inventivo. Essa base contextual necessária, propícia à criação e à invenção, não se relaciona apenas ao indivíduo, mas também ao ambiente, que pode existir de um modo propício ou não ao exercício da imaginação e prática das atividades criadoras. Você destaca que "o ímpeto para a criação é sempre inversamente proporcional à simplicidade do ambiente" (VIGOTSKI, 2018, p. 43) e explica:

> Qualquer inventor, mesmo um gênio, é sempre um fruto de seu tempo e de seu meio. Sua criação surge de necessidades que foram criadas antes dele e, igualmente, apoia-se em possibilidades que existem além dele. Eis porque percebemos uma coerência rigorosa no desenvolvimento histórico da técnica e da ciência. Nenhuma invenção e descoberta científica pode surgir antes que aconteçam as condições materiais e psicológicas necessárias para o seu surgimento. (VIGOTSKI, 2018, p. 43).

Nessa citação, você nos apresenta a sua perspectiva acerca da criatividade. Entende que ela é mobilizada por um processo histórico-cultural e marcada pela atividade criadora da sociedade, não apenas em relação aos materiais usados no processo de combinação inventiva, mas também pelos processos que geram as ações inventivas dos sujeitos na vida. Nesse sentido, aponto para o fundamental papel da mediação.

Isso me convoca à ideia de que experiências socialmente desafiadoras vivenciadas pelos humanos podem fomentar necessidades que os mobilizam ao exercício de processos imaginativos e inventivos, dependendo do modo com que a pessoa percebe e significa essas experiências e as integra em sua subjetividade. Podemos perceber que o contexto pode ou não ser favorável aos processos criativos. Então, parece importante considerar que o exercício da imaginação pode ser uma estratégia de enfrentamento da vida e, algumas vezes, até uma fonte de resiliência e reinvenção. Chamo a atenção então para a importância do exercício da imaginação como uma forma inventiva de lidar com os desafios da existência e as necessidades geradas na experiência da vida — e, mesmo, da *vida acadêmica*. Vale destacar o estudo de Schwarz, Camargo e Dias (2021), que aponta para as várias dificuldades enfrentadas pelos estudantes no ensino superior, com destaque para o primeiro ano de faculdade. As autoras chamam a atenção para o papel da mediação dos professores e colegas, bem como da atenção voluntária, do pensamento e do estar consciente, no enfrentamento dos estudantes de suas múltiplas dificuldades. Quando li o referido estudo, fiquei a indagar se o trabalho com atividades imaginativas e criativas em grupo não seria um caminho para o desenvolvimento de habilidades que favoreçam a exploração ativa e criativa de vias que facilitem a lida com algumas dessas dificuldades apontadas, tais como problemas de adaptação e relação entre pares e baixa autoestima.

Estimado Vigotski, vai chegando o momento de irmos fechando temporariamente este diálogo aqui aberto entre nós! Quero corroborar a minha percepção de que você construiu uma obra bastante frutífera e aberta, visto que muitas das suas ideias foram apresentadas em suas obras de modo seminal e não encontraram espaço para serem amplamente desenvolvidas por ti, devido à sua morte prematura, antes mesmo de entrar no seu quarto decênio de vida. Assim, cabe destacar que muitas outras entradas e destaques poderiam ser feitos a partir das suas proposições sobre o tema da imaginação. Contudo esta é uma primeira carta, um exercício que se abre a novas possibilidades reflexivas. Como eu costumo dizer, um trabalho de doutorado é um marco preambular, e não o final de um processo construtivo intelectual — embora caiba ressaltar que os caminhos futuros a serem trilhados são também caminhos abertos a bifurcações.

Caríssimo, caminhando para finalizar esta carta, conceda-me ainda umas poucas linhas. Quero subverter qualquer sequência linear de reflexão e apontar algo que você traz lá no primeiro capítulo de *Imaginação e criação na infância* (VIGOTSKI, 2018). Você observa que as atividades humanas que envolvem "criação de novas imagens ou ações" pertencem ao "gênero de comportamento criador ou combinatório" (VIGOTSKI, 2018, p. 15); atualmente, eu diria *(re)*combinatório, numa sucessão de diferentes reorganizações de infinitas possibilidades de combinação de dados, informações, conhecimentos, sentimentos, objetos etc. Aqui, me lembro de Morin e seus amigos coautores (MORIN; CIURANA; MOTTA, 2003), quando apontam a necessidade de três reformas interdependentes: do modo de conhecimento, do pensamento e da educação. Eles salientam tais necessidades e, para essa reforma, propõem um caminho — na base do qual eu percebo que está justamente a necessidade de uma atividade criadora — quando eles falam em *religar*, e cujos fundamentos ontológicos de tal atividade, a meu ver, estão na possibilidade imaginativa da mente, tão bem apontadas por você, meu caro Vigotski (VIGOTSKI, 1999b, 2018; VYGOTSKY, 2001).

Estimado Vigotski, se alguns poderiam tomar por "heresia" a aproximação de algumas das suas ideias com as de Edgar Morin, como anteriormente colocado, eu afirmo essa aproximação como um campo frutífero para pensar o tema da valorização da imaginação para a construção de práticas docentes e discentes na formação universitária. Afirmo essa busca por me colocar em diálogo com vocês dois, como uma fotografia[44] dos meus intricados processos de estudo das ideias de dois autores profícuos, criativos e imaginativos que eu tanto admiro, que se justifica contextualmente, pois ambos têm influenciado muitos educadores em meu país na atualidade, e a mim também: a você, Vigotski, e a Edgar Morin, deixo o meu reconhecimento!

---

[44] Imagem capturada em um determinado instante histórico, sendo que a mesma paisagem, capturada em outro momento histórico, resultaria, provavelmente, em outra imagem diferente da anteriormente capturada.

Respeitando as posições filosóficas, epistemológicas e ontológicas de ambos em seu processo de construção teórica, me aproprio antropofagicamente de algumas de suas ideias para organizar as minhas próprias, a partir de um ponto de vista particular e sob a perspectiva de uma posição epistemológica de complementariedade.

Caminhando para finalizar esta carta, escrevo, acudida pelas palavras de Júlio Cortázar em carta a Octavio Paz (PAZ, 2012, p. 11): "Eu poderia lhe dizer muitas outras coisas, mas esta carta não é uma resenha [....]".

Logo, vou me despedindo.

Saudações,

F.

TESSITURAS DA PESQUISA: CONSIDERAÇÕES DA CAMINHADA INVESTIGATIVA

FLÁVIA DINIZ ROLDÃO

Acho que a gente luta tanto para produzir uma obra de arte
só para sobreviver.
Por que será que a gente luta tanto para produzir uma obra de arte?
— Acho que é para sobreviver.
(Clarice Lispector)

AO FINAL DO ESTUDO

coloquei-me algumas perguntas. Entendi que essa poderia ser uma conclusão ("inconclusa") dos resultados da pesquisa. Seguem-se, então, as considerações "finais" da caminhada, sempre provisórias e abertas a novas percepções e deslocamentos reflexivos. Foram redigidas no formato de questões que me coloquei ao término do estudo no formato de uma autoentrevista.

Qual foi o seu objetivo nesta pesquisa de doutorado, ao trabalhar com o tema da imaginação?

O tema da imaginação me interessa marginalmente há muito tempo; por exemplo, quando eu era criança, meu pai comprava para mim aqueles discos que vinham com histórias infantis narradas, acompanhadas de um livrinho de histórias. Eu me jogava no tapete da sala, colocava a narração para escutar, pegava o livrinho e, folheando, entregava-me a imaginar! Outras vezes, meu pai passava na banca de revistas ao voltar do trabalho e comprava uns livrinhos que vinham com um pincel. Então, a gente molhava o pincel na água e passava-o sobre o papel, umedecendo-o; as cores iam logo aparecendo, ficando o desenho todo colorido conforme era umedecido (*parece com o que a imaginação faz com a vida da gente, quando não está ressecada! Não é?*).

No início da idade adulta, comecei a pintar quadros, desenhar, fazer poesias. Fui fazer uma pós-graduação em Arteterapia (*essa formação foi uma festa para a alma!*).

No projeto de pesquisa do doutorado, interessei-me em estabelecer um diálogo com as ideias de Vigotski e Morin sobre o tema da imaginação, tendo em vista a construção de estratégias imaginativas na formação universitária.

Você poderia contar por que você escolheu esse caminho para trilhar em seu doutorado?

Uma das coisas que me incomoda muito é a ideia de que ciência e arte, razão e emoção, imaginação e realidade são dimensões que acabaram completamente cindidas nos processos de construção de conhecimentos e na educação na atualidade, devendo cada qual habitar acanhadamente os seus campos específicos e claramente delimitados. Por isso, no início da tese, já na carta introdutória, eu abro o texto trazendo uma noção que me é muito preciosa: me refiro à noção de *mestiçagem*. Apesar de ela já estar no meu horizonte de interesses, eu tinha ainda muito receio, ou talvez não soubesse muito bem como me aproximar dela, ou talvez nem me autorizasse a fazê-lo. Sabe, é possível que eu estivesse dominada ainda por uma educação mais disciplinar e conservadora na qual eu fui preponderantemente formada. As ideias são imagens que grudam na vida da gente! As ideias nas quais somos formados vão nos impregnando ao longo de anos, de modo que a gente não consegue livrar-se delas assim com tanta facilidade! Mas há uma ideia, apontada por Sá e Massuchetto (2021, p. 174) — trazida em outro contexto, mas que entendo que serve para pensarmos, também, com autocrítica, a nossa formação tradicional disciplinar —: "o pensar bem, e o pensar-se bem são as *Gran Vias* para que possamos viver e cultivar uma postura intelectualmente propositiva, dialogal e compreensiva". Edgar Morin fala sobre o "pensar bem", mas aqui eu uso essa expressão com uma tonalidade particular. Para mim, "pensar bem" significa pensar ampliando as possibilidades de olhar para algo, ou pensar a partir de múltiplas possibilidades, trazer múltiplos olhares para compreender algo. No caso deste estudo, esse algo é a imaginação.

Por que Vigotski e Morin?

Sou uma professora universitária, e na faculdade eu leciono duas disciplinas que perpassam as ideias desses autores. Trabalhei com Vigotski na disciplina de "Psicologia Histórico-Cultural"; atualmente, trabalho com esse autor na disciplina de "Psicologia Social". Quanto a Edgar Morin, eu não o conhecia até ingressar no doutorado. Ao conhecê-lo, fiquei entusiasmada em pesquisar um pouco mais as suas ideias, pois me encantei com algumas delas por ele trabalhadas, como o papel do erro no processo de aprendizado e a noção de religação dos saberes. Então, o projeto de pesquisa se transformou quando, em diálogo com a orientadora, essa possibilidade de ampliar os autores de base para a pesquisa foi aberta e consegui um professor coorientador para desenvolver meus estudos, visto que eu trabalharia com dois autores.

Muitos colegas, quando eu falava de minha pesquisa, ficavam intrigados se tal aproximação seria possível em um estudo científico. De início, eu mesma fiquei duvidosa sobre como levaria a cabo tal investigação com rigor e seriedade, embora quisesse muito buscar estabelecer um diálogo com ambos os autores. Debati-me por muitos meses para encontrar o caminho pelo qual pudesse sustentar teoricamente (em primeiro lugar, para mim mesma!) que tal proposta era possível, considerando que ambos partem de ontologias, epistemologias e métodos diferentes. Vigotski tem a sua base no Materialismo Histórico e Dialético. Edgar Morin, embora tenha também sido influenciado por algumas ideias de Marx, considera posteriormente que ele "deve ser integrado na constelação dos pensadores que podem esclarecer nossa reflexão" (MORIN, 2014a, p. 101), ou seja, ele é apenas uma das estrelas que formam a sua constelação de influências intelectuais e que contribuíram no processo construtivo da sua forma de pensar.

Compreendi a partir do olhar do Pensamento Complexo, que é um pensamento integrador e que acolhe as noções de *complementariedade* e *dialógica*, que é possível acolher uma investigação que se debruce sobre a obra de autores que partem de bases diferentes para a edificação de suas teorias. Sob a influência de estudos levados a cabo por Niels Bohr[45], o Pensamento Complexo acolhe a vizinhança ou convivência da complementariedade entre campos disciplinares, as várias faces de um mesmo fenômeno, as diferentes formas de conhecimento, as várias cosmologias, para pensarmos novas contribuições nas ciências. Bohr (1995) aponta:

> [...] as informações sobre o comportamento de um objeto atômico, obtidas em condições experimentais definidas, podem, segundo uma terminologia frequentemente usada na física atômica, ser satisfatoriamente caracterizada como complementares a qualquer informação sobre o mesmo objeto, obtida por um outro arranjo experimental que exclua o atendimento das primeiras condições. Embora esses tipos de informação não possam ser combinados num quadro único por meio de conceitos comuns, eles de fato representam aspectos igualmente essenciais de qualquer conhecimento do objeto em questão que se possa obter nesse campo. (BOHR, 1995, p. 33).

Quanto à dialógica[46], a ideia da convivência dos contrários ou contradições está na base dessa ideia. Morin explica, em sua obra *Meus demônios* (2013), que percebe a sua própria vida sempre imersa nas contradições das ideias e seu entendimento de irredutibilidade delas, acolhendo então a complementariedade dos contrários na vida, na política e

---

[45] Morin escreve: "[...] no início dos anos 70 lendo uma compilação de textos de Niels Bohr, encontrei de um lado a ideia que o tipo de contradição complementar entre as noções de onda e de corpúsculo (uma excluindo logicamente a outra, mas uma e outra sendo necessárias para descrever a partícula) pode se encontrar entre as noções de indivíduos e de espécie, de indivíduo e de sociedade; de outro lado a ideia de que o contrário de uma verdade profunda é outra verdade profunda. [...] foi sempre o choque entre duas ideias contrárias que suscitou cada um de meus livros." (MORIN, 2013, p. 60).

[46] Morin aponta que "[...] em *La Méthode* [...] elaboro e defino a dialógica como associação de instâncias, ao mesmo tempo, complementares e antagônicas [...]" (MORIN, 2013, p. 62).

nas ideias. Um aspecto que aqui muito me interessa é a contradição e complementariedade postulada por Morin entre o real e o imaginário, ou da "irrealidade inserida na realidade" (MORIN, 2013, p. 59). Ao que ele aponta: "Penso ao mesmo tempo e contraditoriamente, que esse mundo meio imaginário, meio irreal, é nossa única realidade de carne, de sangue, de alma, de amor, de paixão e de vida. [...] são as duas faces opostas de uma mesma coisa". A ideia de dialógica para ele parece ser fundamental quando escreve: "*Minha maior aquisição* foi compreender que o pensamento não pode ultrapassar contradições fundamentais, e que o jogo dos antagonismos, *sem necessariamente suscitar a síntese*, é em si mesmo produtivo" (MORIN, 2013, p. 59, grifo nosso).

Diante do que foi trazido na resposta anterior, qual foi o momento da virada em que eu passo a me autorizar a pensar e a construir conhecimentos balizada por essas noções?

Bem, eu posso começar refletindo que, de alguma forma, percebo agora que um aspecto que me atraiu para estudar o Pensamento Complexo foi a ideia da necessidade da *religação dos saberes*. É como se, em toda a minha história de vida, de algum modo eu estivesse sempre buscando maneiras de compor com diferentes saberes, considerando minha cosmovisão pessoal da complexidade do mundo e dos limites que as diferentes disciplinas, teorias e ideias apresentam na busca pela compreensão e explicação da vida, das coisas e, sobretudo, das relações humanas. Parece que, de alguma maneira, eu sempre busquei andar na contracorrente de uma educação tradicional, apesar de não ter obtido muito sucesso nesse intento até aquele momento.

Fui buscar uma formação acadêmica em diferentes áreas do conhecimento, iniciando com minha formação em Teologia, que me dava certas pistas para ver o mundo, mas que na época de minha formação ainda não era uma área de conhecimento reconhecida como ciência. Então decido, conjuntamente já com a formação que eu estava fazendo, no meio do curso, ir buscar uma outra área de conhecimento reconhecida como "conhecimento científico" e escolho a Pedagogia. Hoje percebo que essa escolha se deu muito mais influenciada pelo fato de eu ter nascido em uma família de professores do que por uma escolha mais pessoalmente direcionada — tanto que, posteriormente eu senti a necessidade de buscar uma formação em Psicologia. Mas, entre um curso e outro, após estar formada em Pedagogia, ao procurar uma área para me especializar, vou em busca da Arte e da Arteterapia. Bem, aqui já há quatro áreas fundamentais de conhecimento: a religião e a filosofia (enfatizadas na formação em teologia); a ciência; e as artes. Posteriormente, já mais madura, ao finalizar o curso de Psicologia e buscar uma área de formação para atuação na clínica, escolho a Abordagem Sistêmica como minha primeira área de formação como psicóloga. Recentemente, conjuntamente com o doutorado, faço uma segunda formação em Psicologia Analítica, também chamada por alguns de Psicologia Complexa, abordagem construída por Carl Gustav Jung, encharcada dos seus amplos interesses pela mitologia (estórias e narrativas), símbolos e imagens, e mesmo a religião. Entendo que meu caminho acaba se fazendo numa trajetória que vai em busca desse olhar mais amplo, que busca uma tessitura complexa na compreensão da vida. Esse aspecto não é nada fácil, diga-se de passagem, em um mundo onde a formação escolar e acadêmica ainda é profundamente pautada por uma epistemologia da disjunção e da fragmentação.

No doutorado, quando eu me aproximo para estudar um tema como a imaginação, entendo que já nessa escolha estou abrindo espaço para esse olhar da religação, pois, como escreveu Juan Arnau (2020) em sua *História de la Imaginación*, a imaginação é o mundo intermediário entre o mundo material e a experiência sensível.

A meu ver, na noção de imaginação, a razão e a emoção, o literal e o simbólico, o velho e o novo, estão religados. Desse modo, a noção de imaginação para mim é uma noção híbrida e mestiça. Tomo o termo *híbrido* como sinônimo de algo composto de diferentes elementos, mesclado, misto, assemblado, deslocado de sua relação inicial para outra composição, algo aberto a imprevistos e novas combinações. O termo *híbrido* me perseguiu as ideias e reflexões desde o princípio do doutorado. Já o termo *mestiço* me chega por influência de publicações e falas de membros do GRECOM, com quais tive a oportunidade de conviver como estudante participando de algumas aulas ministradas em 2021, embora não possa afirmar que utilizo o termo da mesma forma que meus colegas do grupo o fazem já há bastante tempo em suas publicações. Conjuntamente a ele, outro termo também usado por esse grupo que me parece poder ser utilizado como sinônimo é o de "fronteiras borradas" (OLIVEIRA; DANTAS; FRANÇA, 2019). Híbrido, bricolagem, mestiço, fronteiras borradas — essas parecem noções importantes para falar da produção de ciência ancorada no Pensamento Complexo. Essa conversa me lembra a professora Maria da Conceição de Almeida (2019), que aponta, a partir de Isabelle Stengers, a centralidade do ato de nomear e da construção narrativa no fazer científico, bem como, da força política das palavras.

Para encurtar essa resposta e ficar dentro do foco de reflexão dessa pergunta que me coloco, penso que o momento crucial foi quando, após questionamentos na banca de qualificação, uma professora me indagou: "qual a sua epistemologia?". Essa foi uma pergunta que me revirou completamente por dentro (intelecto e afeto) e fez com que eu precisasse me explicar! (*risos*), "descer de cima do muro" e tentar me encontrar para poder seguir em paz com "as minhas verdades provisórias" (fez-me repensar e reafirmar a minha cosmovisão). Naquele momento, eu me senti como alguém que foi levado por outros amigos até aquele ponto, mas daí por diante eu teria que fazer a travessia pelas minhas próprias pernas, com a coragem de quem se olha no espelho e pode assumir para si mesma as suas próprias escolhas quanto ao seu modo de ver as coisas e a como deseja agir no mundo intelectual. É como se houvesse acontecido o rompimento da placenta embrionária e o momento do parto houvesse chegado.

Falando em força política das palavras, parece-me inegável a centralidade ou importância da noção de imaginação, especialmente a partir de 2020, tempo da pandemia e pós-pandemia, de enfrentamento humano advindo das incertezas e transformações do contexto. Como esse cenário me mobiliza enquanto alguém que estuda o tema da imaginação?

A pandemia trouxe muitos desafios, causou muitas mudanças e estampou a efemeridade da vida humana. A imaginação aponta justamente para a capacidade humana de mudar, (trans-)formar, fazer de um novo jeito, metamorfosear e metamorfosear-nos, trazendo a possibilidade de renovação, reconfiguração, recriação, revisão da vida, das coisas, das relações com a natureza, com as coisas, com os lugares e das interações entre os humanos. Afirmo que ela é uma noção central para pensar, trabalhar e criar. Entendo que, como civilização, precisaremos explorá-la ainda por muito tempo depois da pandemia para lidarmos com as múltiplas consequências que ela trouxe. Na minha modesta visão, a imaginação é praticamente um portal[47] para o enfrentamento do tempo pós-pandemia.

E onde é que as sociedades preparam as pessoas para a vida, especialmente as crianças e os jovens, se não principalmente na família, nas comunidades laicas e religiosas, nas escolas e nas universidades? Desse modo, explorar as contribuições dessa noção como um operador cognitivo para o enfrentamento desse momento histórico de vida nessas

---

[47] Um dentre os vários portais.

instituições pode ser algo de importância fundamental. Alguns poderiam entender que esse trabalho deve começar pelas escolas; outros, pela família; já que são instituições que abrigam em algum momento a infância. Porém eu penso que o importante é fazê-lo em todas essas (e ainda outras) instituições simultaneamente, inclusive porque, se o argumento de que os universitários são os profissionais de hoje e de amanhã é válido, deveríamos talvez iniciar esse processo por meio das universidades, pois amanhã pode já ser tarde demais. A crise humanitária que vivemos, em diferentes frentes da sociedade, convoca-nos a uma ação imediata, não apenas por meio dessas instituições educativas, mas buscando envolver outras instituições sociais por meio das quais a educação informal se faz presente — as mudanças podem também nelas ser alcançadas. Como apontam Petráglia e Sena (2021b, p. 100), "[...] a educação é a alternativa possível e viável para as transformações pessoais, sociais e planetárias". Ainda que ela não seja a única, concordamos que, sim, ela é uma das mais potentes alternativas de transformação nestes tempos de "[...] embrutecimento intelectual, obscurantismo político e social, tanto no Brasil quanto no mundo" (PETRÁGLIA; SENA, 2021a, p. 23).

É possível a realização do exercício de pensamentos e práticas imaginativas que visem à construção de novas imagens, palavras e ações diferentes das que nos conduziram a essa policrise — que Morin, em publicação sobre as lições do coronavírus (2020), indica como: crise sanitária, política, econômica, alimentar, mundial e social, somando "um conjunto de desafios *interdependentes*" (MORIN, 2020, p. 43, grifo nosso) que nos convida a mudarmos de via.

Não é possível saber os frutos que aparecerão desta crise pavorosa que tem instalado um verdadeiro rebuliço na história mundial e pessoal. Mas indago se o exercício da imaginação no pensamento e ações cotidianas, pode ser um portal de esperança mediante as múltiplas crises e as posições diatópicas que conjuntamente com ela emergem. Eu sou daquelas profissionais que entendem que, neste momento, ao invés de distopia, precisamos de frutíferas utopias que alimentem o imaginário de cada pessoa com novas imagens, pois as antigas não estão se mostrando muito eficazes.

Como professora universitária, continuei o processo de formação durante todo esse período de pandemia, tal qual muitos de meus colegas. Percebo que, como formadores, fomos nos adaptando em certos aspectos e, ao mesmo tempo, transformando-nos para não nos adaptarmos a outros aspectos da nova realidade um tanto caótica. Quais deslocamentos fizemos? Quais deslocamentos eu realizei? Quais deslocamentos propusemos aos nossos estudantes? Quais movimentos eu propus a eles? Pôde ser a imaginação uma noção geradora desses deslocamentos? Essas são algumas questões que eu me faço e que talvez possam ser compartilhadas também por outros educadores para pensarmos esse momento a partir da imaginação, como um vetor valioso para ponderarmos e atuarmos na complexa realidade do contexto atual.

Olhando para trás, qual o método utilizado na pesquisa?

Neste momento, com o distanciamento que me é possível olhando para trás, percebo que eu fui tateando, quase como que por ensaio e erro, assumindo alguns caminhos metodológicos e posteriormente descartando-os, pois não estavam me ajudando.

Essa questão do método é fundamental. Precisamos encontrar ou construir um método para tudo o que vamos fazer na vida; na pesquisa científica, esse é um ponto crucial a ser observado. O Pensamento Complexo propõe uma espécie de "não método" ou, conforme a metáfora tomada por França (ALMEIDA; FRANÇA, 2020a), de empréstimo de Hannah Arendt, é preciso "aprender a pensar sem corrimão". Ou seja, "método" é entendido, no Pensamento

Complexo (MORIN, 2000, 2003; MORIN; CIURANA; MOTTA, 2003), como estratégia, envolvendo um mergulho na incerteza da caminhada e o risco; a aposta e a inventividade; a singularidade, conforme situações e o tirar proveito dos erros (e por que não das boas oportunidades?). Ele pode, ainda ser entendido como *ensaio*, em oposição a um programa (abarcando elementos planeados e previamente organizados). Outros métodos que estavam mais próximos à ideia de programa foram tentados ao longo do estudo, porém abandonados na caminhada. O método foi sendo tecido e refeito na própria caminhada. O presente *ensaio*, trata-se de um estudo de caráter bibliográfico, qualitativo e experiencial.

O que você aprendeu com essas tentativas abandonadas?

Puxa, aprendi várias coisas! Primeiramente, a afirmar a validade da efemeridade de nossas construções intelectuais e de nossos caminhos de pesquisa. Aprendi a afirmar a impermanência e a degeneração de nossas certezas como legítimas. Essas aprendizagens anteriores poderiam ser expressas em uma frase: desenvolvi a capacidade do desapego e da reconstrução como movimentos contínuos na construção de conhecimentos.

Aprendi que o pesquisador é um sujeito de escolhas (isso acontece a todo o momento no processo de pesquisa). Compreendi que a pesquisa é, do início ao fim, um processo aberto a deslocamentos, uma construção de conhecimentos provisória, parcial e limitada. Mas, ainda assim, toda pesquisa séria oferece a sua pequena contribuição no grande universo das práticas científicas.

Como você define pesquisa?

É preciso pontuar que a compreensão do que é pesquisa vai se transformando ao longo da história da humanidade e também da história de uma pesquisa. O meu ponto de vista é sempre sócio-historicamente determinado. A pesquisa acadêmica nas ciências humanas (sobretudo) é uma atividade científica que constrói narrativas. Essas narrativas constroem, ampliam e dão visibilidade a determinadas ideias e, ao mesmo tempo, silenciam outros conhecimentos. Ao narrar uma investigação em um relatório de pesquisa, um artigo científico, em uma mesa de congresso, o pesquisador coloca-se no mundo como um ser que "nomeia" (STENGERS, 2015, p. 49) — ao mesmo tempo que a sua pesquisa te nomeia enquanto pesquisador, ou seja, a sua palavra retroage sobre você mesma. Nomear e narrar são (em certa medida) formas de imaginar, criar imagens; logo, são formas de plasmar e construir conhecimentos.

A pesquisa se materializa em diferentes artefatos culturais, que ganham vida e passam a habitar o mundo das ideias e da vida (cotidiana e acadêmica). Ela opera, ao mesmo tempo, como um modo de resistência (STENGERS, 2015, p. 69) e de afirmação de determinadas ideias e práticas. Ela tem o poder de fazer sentir e de fazer pensar (STENGERS, 2015, p. 48, 185), de mobilizar-nos a criar sentidos, imagens, imaginar, evitando a enfadonha repetição, como disseram Antônio Jobim e Nilton Mendonça, de um "samba de uma nota só".

Pesquisar é experienciar e implicar-se antropofagicamente. Essa experiência de pesquisar que Stengers, inspirada em Spinoza, vai qualificar de "alegria", e que se traduz em um aumento de potência de agir, pensar e imaginar, tem uma potência epidêmica (STENGERS, 2015, p. 202).

Como eu defino imaginação?

De maneira curta, poética, musical e por oposição: imaginação é o oposto de um "samba de uma nota só" (*risos*).

A imaginação é uma atividade criativa: exige implicação, movimento, recombinação de dados. Ela está sempre em busca da produção de algo novo em algum aspecto, inexistente. Ela é uma forma de transformar algo ou uma coisa em outra, metamorfosear. Imaginar é uma forma de narrar o mundo, a vida, as relações, as coisas de um jeito diferente. É uma forma de recombinar, rever, revisitar, e colocar para dialogar coisas diferentes. Imaginar é caminhar pelo terreno da mestiçagem, hibridação, reorganização, remontagem. Não há uma "escola" da imaginação, mas há muitas "escolas" da imaginação dispersas em diferentes ambientes, experiências e momentos da vida.

Para além dos diferentes laboratórios e oficinas, a vida, o cotidiano, o mundo, as relações são os terrenos da imaginação. Eles podem ser fertilizados, caso estejam ressecados (como alerta Ceiça Almeida). Mas muitas coisas na vida não ocorrem sozinhas; somos "os artesãos do oitavo dia" — para usar uma metáfora de Reeves, citada por Ceiça (ALMEIDA, 2017a, p. 159). Assim, como compuseram Gilberto Gil e Caetano Veloso (1968) na canção *Divino Maravilhoso*, nos tempos atuais "é preciso estar atento e forte. Não temos tempo de temer a morte".

Eu trabalhei com uma leitura e escrita experiencial na redação da tese. Mas o que estou chamando de experiencial? O que aprendi com essa escrita?

Sim, é verdade, eu trabalhei com uma leitura e escrita que chamei de experiencial. Com ela aprendi que posso aprender com ela: lendo e escrevendo.

Chamo a leitura realizada de experiencial e antropofágica, pois de fato fui realizando uma leitura experiencial, no sentido de deixar-me tocar pela experiência de leitura realizada e perceber de que modo ela me afetava e me mobilizava. Antropofágica, pois me coloquei a uma apropriação dos textos, digerindo-os e deixando que eles de alguma forma, após passarem por minhas "entranhas intelectuais" compusessem o meu repertório reflexivo.

Qualifiquei a escrita como experiencial e mestiça, aproximando ciência, ficção e arte, no sentido de poder explorar novos modos híbridos de narrar o conhecimento científico apreendido, exercitando diferentes gêneros de escrita para comunicar o conteúdo da investigação científica.

Como compreendo a relação entre ciência e imaginação?

A imaginação é uma atividade que costumeiramente é vista como ligada às artes. Porém a ciência é uma prática que envolve constante superação e rearranjos; ela envolve a atividade imaginativa e a recombinação de dados, ou modos de montar a pesquisa etc. Essa recombinação que gera o novo e está na base da imaginação faz parte da atividade científica. A imaginação nos liberta para a possibilidade do novo ser gerado ou vir a surgir. Existe uma relação íntima entre o fazer científico e a imaginação. Tanto Vigotski quanto Morin apontam nesse sentido.

Vigotski (2018, p. 16) deixa a sua posição bastante clara nessa direção ao escrever: "Na verdade, a imaginação, base de toda atividade criadora, manifesta-se, sem dúvida, em todos os campos da vida cultural, tornando igualmente possível a criação artística, a científica e a técnica". Já Morin, na obra *Ciência com Consciência*, ao tratar do tema da ciência, escreve explicitamente:

> Ela [a ciência] anda sobre a perna do empirismo e sobre a perna da racionalidade, sobre a da imaginação, e a da verificação. [...] Ao mesmo tempo, há complementariedade e antagonismo entre a imaginação que faz as hipóteses, e a verificação que as seleciona. Ou seja, a ciência se fundamenta na dialógica entre imaginação e verificação, empirismo e realismo. (MORIN, 2005b, p. 189-190).

O autor coloca, ainda: "[...] quando pensamos na pesquisa [...] com o papel da imaginação e o papel da invenção, nos damos conta de que as noções de arte e de ciência, que se opõem na ideologia dominante, têm algo em comum (MORIN, 2005b, p. 50-51).

Você acredita que Vigotski e Morin poderiam ambos concordar com a sua definição de imaginação e com a sua visão da relação entre ciência e imaginação?

Como saber? Contudo busquemos ao menos indícios nas próprias ideias dos autores. Vigotski expõe claramente a sua concepção de imaginação na obra *Imaginação e Criação na Infância*:

> A psicologia denomina imaginação ou fantasia a essa atividade criadora baseada na capacidade de combinação do nosso cérebro. Comumente, entende-se por imaginação ou fantasia algo diferente do que a ciência pressupõe com essas palavras. No cotidiano, designa-se geralmente como imaginação ou fantasia tudo o que não é real, que não corresponde à realidade e, portanto, não pode ter qualquer significado prático sério. Na verdade, a imaginação, base de toda atividade criadora, manifesta-se sem dúvida em todos os campos da vida cultural [...]. Nesse sentido, necessariamente tudo o que nos cerca e foi feito pelas mãos do homem, todo o mundo da cultura, diferentemente do mundo da natureza, tudo isso é produto da imaginação e da criação humana que nela se baseia. (VIGOTSKI, 2018, p. 16).

Por meio dessa passagem, acredito que é possível considerar que Vigotski percebia a manifestação da atividade imaginativa na ciência. Percebo que ele mesmo foi um cientista altamente criativo.

Para Morin, a imaginação integra o ser humano na sua própria concepção. O homem não é apenas *homo faber*, *homo sapiens*, *homo economicus*, *homo prosaicus*, mas traz em si características antagônicas: é *faber*, mas também é *ludens*; *sapiens* e *demens*; *economicus* e *consumans*; *prosaicus* e *poeticus*; bem como *empiricus* e *imaginarius* (MORIN, 2000). Morin, em sua obra *Ciência com Consciência* (MORIN, 2005b, p. 44), aponta literalmente a ciência como uma "atividade organizadora da mente". Para esse autor, ela é uma construção de caráter rico e interessante, composta de "quatro pernas independentes entre si: empirismo e racionalismo, imaginação e verificação" (MORIN, 2005b, p. 53). As mentes de diferentes cientistas dão ênfase a um ou outro desses aspectos; algumas são mais imaginativas, outras são mais verificadoras, por exemplo. Morin aponta que a beleza da ciência está na sua observação enquanto fenômeno amplo e complexo, muito mais do que apenas na apreciação de uma parte específica do trabalho de um único cientista, que é apenas um fragmento que integra esse fenômeno complexo.

Permita-me apontar algumas colocações de Morin (2005b, p. 59) sobre a relação entre ciência e arte: "[...] a ciência é uma península no continente cultural e no continente social. Por isso é preciso estabelecer uma comunicação bem maior entre ciência e arte, é preciso acabar com esse desprezo mútuo". Aponta que "[...] o método, para ser estabelecido, precisa de estratégia, iniciativa, invenção, arte" (MORIN, 2005b, p. 332). Entende que a ciência não deve apenas "[...] verificar e corroborar, mas deve também inventar" (MORIN, 2005b, p. 87).

Qual é a ligação de Morin e Vigotski com as artes?

Podemos perceber, por meio de suas publicações, que ambos se debruçaram a escrever sobre alguns temas relacionados à arte, bem como apreciaram de maneira especial algumas formas de arte como seus fruidores. Morin faz em 2019 uma conferência no Brasil, ocorrida no SESC-SP, sobre o tema "Estética e Arte" — evento do qual eu tive a histórica e singular oportunidade de participar.

É possível perceber que Vigotski trabalhou intelectualmente com a temática da arte e da imaginação, especialmente em seus livros *A tragédia de Hamlet, príncipe da Dinamarca*" (VIGOTSKI, [1916] 1999d), que foi apresentado como a sua dissertação de mestrado no livro *Psicologia da Arte* (VIGOTSKI, [1925] 1999b); *Imaginação e Criação na Infância* (VIGOTSKI, [1930] 2018); *Sobre o problema da psicologia do trabalho criativo do ator* (VIGOTSKI, [1932] 1999c); *Conferencia 5: La imaginación y su desarrollo en la edad infantil* (VYGOTSKY, [1932] 2001); e *Imaginación y creatividad del adolescente* ([1931] 2006). Escreveu, ainda, algumas resenhas teatrais e sobre balé (SOBKIN, 2017). Ele foi apreciador de literatura e poesia (VAN DER VEER; VALSINER, 2014) e escreveu trabalhos de crítica literária (PRESTES; TUNES, 2012).

Morin trabalhou com o tema da arte, do imaginário e da imaginação nas publicações *O Cinema ou o homem imaginário* ([1956] 2014b); *As estrelas: mito e sedução no cinema* ([1957] 1989); *Sobre a estética* ([2016] 2017); e alguns capítulos no seu livro de 1962, a saber, *Cultura de Massas no século XX: volume I – Neurose* ([1962] 2000). É possível ter acesso a alguns vídeos de Morin no Youtube, em francês ou traduzidos para o português, que abordam também a temática. É importante destacar a "Conferência Estética e Arte com Edgar Morin" (2019). Ele foi ainda um profundo apreciador do cinema e da música e chegou a produzir um filme. Na obra *Sobre a Estética* (2017, p. 47), conta que escreveu poemas na juventude e mostra ter sido apreciador de poesias. A partir do que aprendeu com o surrealismo, aponta que "a poesia não era apenas algo exclusivo da escrita e da leitura, mas devia ser vivida" (MORIN, 2017, p. 62), ideia que se encontra também em sua obra *Amor, Poesia, Sabedoria* (MORIN, 2005a). Para ele, a poesia "dá sentido às nossas vidas" (MORIN, 2017, p. 118). É interessante perceber que, na obra *Sobre a Estética*, o autor vai usar muito mais os termos relacionados à criatividade, criação, criar etc., do que imaginário ou mesmo imaginação. Contudo, já em obras bem anteriores, *O enigma do homem* (1979) e *O homem e a morte* (1976), o autor entreteceu, enquanto desenvolvia os temas centrais dos livros, com sutileza o tema da arte, da imaginação e da invenção. No livro *Meus demônios* (2013), o autor vai apontar como as diferentes linguagens artísticas marcaram decisivamente o seu imaginário desde a morte de sua mãe, tornando-o um onívoro cultural. Em *Edwige: a inseparável*, ele ilustra a vivência da imaginação em sua história de amor com uma de suas esposas por meio dos bilhetinhos poéticos e ilustrados que ambos trocavam. Posso citar uma passagem ilustrativa: "De manhã, se me ausentasse antes que Edwige tivesse despertado, eu lhe deixava um recadinho com desenho para lhe desejar bom dia" (MORIN, 2012, p. 81). Fala de Edwige como a sua poesia (MORIN, 2012, p. 39, 77, 81, 87, 187) e declara: "ambos não teríamos podido sobreviver sem o auxílio da poesia [...] [Confessa:] experimentávamos a demanda vital de mesclar o imaginário à realidade, ou melhor, de transfigurar a realidade pelo imaginário" (MORIN, 2012, p. 86). Conta que Edwige havia vivido uma vida tão cruel em sua infância que se impregnou de imaginário como forma de suportá-la, e menciona seus quadros, deixados com Violete, depois com Johanne, quando se separaram (MORIN, 2012, p. 186).

E o tema da imaginação, como aparece na obra de ambos?

Um ponto de convergência sobre o tema da imaginação, que eu observo entre ambos os autores, tem a ver com a sua produção intelectual proficuamente imaginativa.

Vigotski trabalha muito diretamente o tema da imaginação ligado à infância e à adolescência. Isso se expressa em sua obra de mesmo nome publicada em 1930 (VIGOTSKI, 2018) — livro que, na minha leitura, é a obra onde ele trata esse tema de modo mais direto e aprofundado. Ele tem ainda dois outros textos (que são mais acessíveis para quem não conhece a língua russa, pois já foram traduzidos e publicados em espanhol): um é fruto de uma conferência sobre esse tema, "*Conferencia 5: La imaginación y su desarrollo en la edad infantil*" ([1932] 2001), e o outro aborda a imaginação na adolescência, *Imaginación y creatividad del adolescente* ([1931] 2006). O tema da imaginação e da emoção são abordados por esse autor em estreita relação e, segundo Rey "não como dois processos distintos, mas como um mesmo processo" (REY, 2017, s/p). A ideia de imaginação, que às vezes é usada por Vigotski como sinônimo de fantasia, está diretamente correlacionada com a atividade criadora. Escreve: "A psicologia denomina imaginação ou fantasia a essa atividade criadora baseada na capacidade de combinação do nosso cérebro" (VIGOTSKI, 2018, p. 16). Para esse autor, a imaginação, enquanto atividade combinatória, cristaliza-se por meio da atividade criadora em um novo produto. Vigotski, em seus escritos, enfatiza o modo como realidade e imaginação se relacionam, bem como a sua importância na infância, por meio de diferentes manifestações, tais como a literatura, o desenho e a criação teatral. Essa ideia da imaginação e emoção como sendo um mesmo processo a meu ver foi apontada por Vigotski em sua proposição da lei da expressão dupla dos sentimentos: "[...] qualquer emoção tende a se encarnar em imagens conhecidas correspondentes a esse sentimento" (VIGOTSKI, 2018, p. 27). Ou, ainda: "As imagens e as fantasias propiciam uma língua interna para o nosso sentimento" (VIGOTSKI, 2018, p. 28). Tais ideias de Vigotski estão sob a influência de Ribot, por ele mesmo citado, quando Vigotski fala da lei da realidade emocional da imaginação e cita Ribot: "Todas as formas de imaginação criativa contém em si elementos afetivos" (VIGOTSKI, 2018, p. 30).

Em Vigotski, o tema da imaginação se mostra, a mim, especialmente no seu modo de escrita, em diálogo com muitos autores e com uma escrita em espiral, retomando os mesmos temas e cada vez o fazendo de modo a aprofundá-los um pouco mais a cada retomada, embora dificulte um pouco a leitura de suas obras, esse é o seu próprio estilo de recombinar dados e expressa um vigor imaginativo.

Vejo em Morin um autor igualmente de grande vigor imaginativo, a começar pela exploração de diferentes variedades de modos de escrita que adota e abordando variadas temáticas. Ele explorou a escrita de diários, como a sua volumosa trilogia *Um ano Sísifo* (2012c), *Diálogos da Califórnia* (2012d) e *Chorar, Amar, Rir, Compreender* (2012e), ou *Minha Paris, minha memória* (MORIN, 2015b), entre outros. Escreveu livros que podem ser lidos como livros de autoformação ou autobiográficos; por exemplo: *Meus demônios* (MORIN, 2013); o livro no qual narrou a história de seu pai: *Um ponto no holograma: a história de Vidal, meu pai* (MORIN, 2006); o livro que mescla uma narrativa autobiográfica na primeira parte, acolhe um diário em um segundo momento e finaliza com testemunhos: *Edwige: a inseparável* (MORIN, 2012b). Produziu livro escrito inteiramente no formato de entrevista, bastante encorpado, composto no total por 377 páginas, intitulado *Meu caminho: entrevistas com Djénane Kareh Tager* (MORIN, 2010). Escreveu, em parceria com Boris Cyrulnik, um livro em forma de diálogo: *Diálogos sobre a natureza humana* (CYRULNIK; MORIN, 2012). Alguns livros são extremamente didáticos, como *Ensinar a viver* (MORIN, 2015e); nessa categoria, muitos outros ainda poderiam ser citados. Já outros são escritos em linguagem extremamente densa e são bastante volumosos, como os seis volumes de *O Método*, enquanto há também outros livretos extremamente breves, como *Para onde vai o mundo?* (MORIN, 2010).

Outro aspecto fundamental da engenhosidade sensível e imaginativa de Morin, no meu modo de ver, é a sua ideia de pensamento complexo, que propõe uma não metodologia de pesquisa, ou seja, uma caminhada de pesquisa aberta, na qual cada pesquisador precisa construir no próprio caminho as suas estratégias investigativas — processo no qual outros trabalhos de pesquisa podem servir ao pesquisador de inspiração, mas não como um modelo a ser seguido.

É importante destacar, também, que em Morin o tema da imaginação encontra-se completamente disperso em sua obra, aparecendo muitas vezes em pequenos momentos de discussão de outros assuntos e sem ganhar um amplo destaque (por exemplo, em algum capítulo específico), embora haja, sim, alguns capítulos em suas obras que possam ser apontados como de especial importância ao estudarmos esse tema — como o subtítulo "O pensamento criador", alocado no capítulo nove do volume três de *O Método* (MORIN, 2015d); o capítulo VII do volume I da obra *Cultura de Massas no século XX* (MORIN, 2009); e as já citadas obras *Sobre a Estética* (MORIN, 2017) e *O cinema ou o homem imaginário* (MORIN, 2014b).

O tema da imaginação relacionado à infância não é uma abordagem sua, sendo esse um aspecto no qual difere de Vigotski. Porém a imaginação, ainda que de forma secundária, aparece na discussão referente a temas muito importantes na obra moriniana. Darei alguns exemplos a seguir, que compõem a minha leitura, a partir dos estudos do doutorado. Percebo que ele aparece quando o autor aborda o tema do fazer científico, discutido na obra *Ciência com consciência* (MORIN, 2005b). Aparece também ligado à sua concepção de homem ou do humano e do mundo (MORIN, 2000), com destaque especial para quando Morin aborda o tema do cinema (MORIN, 2014) e do imaginário, ou quando dá ênfase às noções de noologia e noosfera (MORIN, 2000) — ou, ainda, quando propõe, com originalidade, o ser humano como um ser *sapiens/demens* e quando fala da poesia da vida (MORIN, 2005a). Para finalizar este tópico, quero destacar uma frase sua ao abordar o tema da constituição do mundo psíquico humano e a questão do erro: "A importância da fantasia e do imaginário no ser humano é inimaginável" (MORIN, 2000, p. 21). Ao falar sobre as invenções, aponta: "As invenções e criações que se inscrevem nos princípios, regras, esquemas, teorias preexistentes decorrem de uma inventividade ou criatividade banal, ou mesmo cotidiana. Mais raras são as que transgridem as regras e as criações que as revolucionam" (MORIN, 2015d, p. 208).

Encaminhando para as perguntas finais desta entrevista, você poderia destacar ainda outros aspectos de aproximação entre ambos os autores?

Bem, iniciemos por aspectos facilmente identificáveis. Ambos possuem formação em Direito, mas destacaram-se em outras áreas em sua atuação profissional. Outro aspecto interessante é que ambos provinham de origem judaica. Ambos se interessaram pela ideia da não fragmentação dos conhecimentos, embora tenham compreendido esse tema de modo diferente, com influências de intelectuais (na maioria das vezes) diferentes sobre a construção de seus pensamentos. Nesse sentido, um deles (Vigotski) vai adotar a dialética, e o outro (Morin), a dialógica como caminho para a construção de suas proposições teóricas. Tanto Vigotski quanto Morin recebem inicialmente influência dos escritos de Marx; porém, enquanto Vigotski passou a inspirar-se em ideias marxistas para a construção de sua psicologia e utilizou-se do Materialismo Histórico e Dialético como seu método, Morin entendeu posteriormente que Marx precisa ser superado, no sentido de ir além das ideias deste[48]. O que isso significa para ele? Que Marx "[...] deve ser integrado *na constelação dos pensadores* que podem esclarecer nossa reflexão" (MORIN, 2014a, p. 101, grifo nosso). No Prólogo de seu livro *Em busca dos fundamentos perdidos* (MORIN, 2010a, p. 24), ele escreve: "Não se pode mais conceder ao marxismo o monopólio do conhecimento pertinente, o monopólio da compreensão do mundo, o monopólio da ação salutar. [...] No entanto, há ainda muitas inspirações fecundas a serem encontradas no pensamento de Karl Marx".

Que argumento me ancora para afirmar que consegui estabelecer com algum êxito um diálogo imaginativo com os autores?

Na redação da tese, respondi a essa pergunta. A redação do livro, é uma resposta a ela. Agora, essa é uma questão à qual quem deveria responder, também, é o meu leitor.

O argumento no qual me ancoro para afirmar que estabeleci um diálogo imaginativo com Vigotski e Morin com algum êxito, é a própria tese enquanto produto que emerge deste estudo, e que agora materializa-se também na forma do presente livro. Foi um desafio poder estabelecer um diálogo com autores de bases ontológicas, epistemológicas e axiológicas tão diferentes. Inicialmente, tentei posicionar-me na condução do estudo de maneira a não adotar como pesquisadora os pressupostos teóricos de nenhum dos dois autores. Percebi ao longo do caminho, e confirmei na banca de qualificação, que essa seria, a mim, uma posição impossível. Eu, como pesquisadora, haveria de assumir um posicionamento epistemológico. Compreendi que, desde o início, eu havia de fato assumido uma posição epistemológica ao propor um diálogo entre autores de bases epistemológicas diferentes. Essa percepção se deu quando estudei alguns textos de Niels Bohr (1995) que tratavam do conceito de complementariedade. Essa noção também é assumida de algum modo no Pensamento Complexo quando se fala na religação dos diferentes saberes, em que a intenção não é fazer uma síntese, e quando Morin trabalha a ideia de dialógica, em que aponta a possibilidade da convivência entre as diferenças e os diferentes e acolhe a noção de complementariedade. Nas palavras de Almeida (2021, s/p), em notas de aula, "a dialógica é requisito para borrar fronteiras".

Outro desafio tão instigante quanto o anterior foi o de como apresentar os resultados da pesquisa materializados na tese. Foi nesse processo que, por meio do contato com uma leitura mais minuciosa da obra de Stengers (2015) e algumas dissertações e teses orientadas por Maria da Conceição Xavier de Almeida — a saber, Costa (2019), Fontes (2006), Knobbe (2007) e Oliveira (2019) —, a noção de pesquisa como narrativa passou a ser central na construção da narração de meu estudo. Pude observar na prática, por meio de minha experiência na feitura da escrita, que a narrativa me possibilita uma tessitura tramada de modo integrado, favorecendo a religação das ideias e a tessitura a partir da noção de complementariedade. Por muito tempo eu briguei comigo mesma por essa questão, pois não queria construir uma tessitura fragmentada em um trabalho que afirma a religação dos saberes; isso, para mim, jamais fez algum sentido. Contudo não sabia como poderia resolver concretamente esse problema, até ter tido a oportunidade de vivenciar a experiência de leitura desses materiais e cursar o Ateliê oferecido pelas professoras do GRECOM. Não posso afirmar

---

[48] Em *Meus Filósofos* (2014, p. 97), Morin escreve: "[...] não precisei renunciar a Marx, pois desde o princípio, meu marxismo era aberto e assimilador".

que essa tese seguiu os caminhos das teses do grupo referenciado, porém foram fonte de inspiração para que pudesse construir o meu caminho.

Quais estratégias imaginativas para a formação universitária você pode construir, a partir da leitura das obras selecionadas de Vigotski e Morin para este estudo?

A estratégia imaginativa para a formação universitária que nasce deste estudo é a proposição da imaginação como princípio para a construção de conhecimentos e as tessituras narrativas desses conhecimentos como modo de favorecer a religação dos saberes.

Tal princípio pode ser ancorado sob inspiração das ideias de Vigotski e Morin, já anteriormente apontadas neste estudo, bem como também, de Isabele Stengers, Niels Bohr, Maria da Conceição Xavier de Almeida.

Quais são as minhas observações finais?

No início deste estudo, construí uma ideia norteadora; agora também, ao final, outra ideia nasceu. Iniciei os estudos com a seguinte ideia:

Fica o desafio de que fazer ciência não nos deserte, mas nos faça florescer e, sobretudo, faça avançar a ciência com ética e consciência, sensibilidade e sabedoria. Que abra portas ao invés de enclausurar. Que traga novas perguntas e algumas respostas para os reais desafios contemporâneos.

Finalizo-o com a seguinte inspiração:

Que as ideias não me tatuem, mas fluam em mim e através de mim, enquanto, e somente enquanto, ainda fizerem algum sentido. E todo sentido não é apenas uma construção racional e cognitiva, mas, também, profundamente, afetiva.

Acho pertinente, ainda, retomar algumas questões que me habitaram no início do estudo e que ainda persistem me inquietando. Para algumas delas, já encontrei pistas (respostas) provisórias; outras ainda continuam ressoando. Convido cada leitor a fazer as suas próprias reflexões a respeito.

1. *A imaginação é um tema que precisa seguir marginal, nos processos de formação universitária? Quais estratégias podemos usar para integrá-la nesses processos?*

2. *A imaginação é um tema que precisa seguir à margem nos processos de narração da maioria das pesquisas em educação? Quais diferentes estratégias podem ser utilizadas para a sua integração nesses processos?*

3. *Quais pesquisadores de fato, na concretude, estão operando hoje com o conceito de imaginação na universidade e na pesquisa em educação?*

4. *O que contariam os pesquisadores de algumas teses por mim visitadas durante este estudo em que a imaginação aparece de maneira concretamente visível sobre o seu processo de produção e publicação acadêmica?*

5. *Que tipo de narrativas eu encontraria se entrevistasse pesquisadores brasileiros que operam com a noção de imaginação na construção de suas narrativas de pesquisa?*

6. *Como sobreviver na academia com uma proposta de narrativa de pesquisa que se pretende séria, mas ao mesmo tempo se propõe a acolher a imaginação como operador cognitivo legítimo?*

7. *Quais estratégias são fundamentais para abrir brechas à acolhida de uma escrita acadêmica que resguarde a diversidade de modos de escrita e abra espaço para a imaginação, sem menosprezar a seriedade do fazer científico?*

8. *Pensando com Morin e Vigotski, a partir do conceito de imaginação, os diferentes encaixotamentos dos educandos durante o seu processo formativo e o consequente abafamento da imaginação em suas construções de saberes, quais os diferentes modos pelos quais esses abafamentos acontecem?*

9. *Como efetivamente construir brechas, produzir fendas e desvios para abrir mais espaços para a imaginação na formação universitária, sob inspiração das ideias de Vigotski e Morin sobre imaginação?*

10. *Onde estão as brechas para a manifestação e acolhida da imaginação nas escritas e publicações de textos científicos?*

11. *O que pode a imaginação na formação de educadores e na construção de conhecimentos científicos na área da educação?*

12. *A imaginação não haveria de ser considerada um operador cognitivo fundamental na religação dos conhecimentos?*

13. *Tratar do tema da imaginação (ou mesmo da criatividade) e construir um relatório de pesquisa seguindo um modelo orientado pelas pautas de uma ciência tradicional não seria um contrassenso?*

Encerro estas considerações (inconclusas) da caminhada com uma pista de Stengers (2015, p. 197, grifo nosso) para ensaiarmos uma possível saída: "[...] temos que experimentar o que pode recriar – *'fazer pegar de novo', como se diz das plantas* – a capacidade de pensar e agir juntos".

VOU FINALIZAR COM UM MANIFESTO:

UMA ÁRIA-MANIFESTO
À IMAGINAÇÃO NA UNIVERSIDADE

Fica proibido proibir
o que restou de manifestação imaginativa
no estudante universitário.

                                                               Salve a convocação
                                                para seguirem em abraço
                                                   a imaginação e a ética
                                                 nas práticas universitárias.

Instalemos um expressivo convite letreiro
ao universitário
para manifestar-se em suas produções acadêmicas
imaginativamente, religando saberes como um tecelão
que é um pouco artista e, com arte,
puxa e trama um fio aqui, borra uma fronteira ali, combina algo acolá,
e vai construindo a sua
teia de saberes bem tramados.

Faça-se um lugar de atenção
às produções escritas na universidade
(com especial sensibilidade
para não enclausurarmos o frescor de novas possibilidades
em um engessamento do pensamento
dentro das gaiolas teóricas
ou
de enquadramentos absolutamente rígidos
da metodologia científica).

                                                   É bem-vindo o caminho do cultivo
                                                      das manifestações imaginativas
de todos os atores que fazem parte do território acadêmico.

A aposta é esta:
O sonho, o devaneio, a brincadeira, o diálogo
e as mais variadas experiências
podem encontrar passagem
como campo de convivência
e/ou como estratégias combinadas
para a produção de conhecimentos,
tanto quanto a atividade de leitura e outras formas de estudos,
e combinação e recombinação de
significados, sentidos, afetos, materiais e conteúdos.

A poesia,
as histórias,
as cartas,
os diários,
os diálogos,
os manifestos,
as entrevistas,
e outros diferentes gêneros textuais e formas de escrita narrativa
são modos tão simetricamente legítimos
para a expressão de conhecimentos científicos
quanto os artigos científicos
produzidos dentro dos modelos de organização metodológica tradicional.
E uma forma de expressão não exclui a contribuição social que a outra possa oferecer.

Entre elas, nutra-se o acolhimento ao vigor que transborda da complementariedade.
A imaginação
não é apenas meramente uma qualidade que pode ser atribuída a um conhecimento produzido, sendo esse considerado imaginativo.
Ela pode estar ontologicamente
na base da produção desse conhecimento.
O conhecimento não é somente uma representação do mundo,

mas, muitas vezes, a sua própria criação,
e ressoa e retroage forjando o próprio construtor enquanto este o constrói.
A imaginação está na base da epistemologia da complexidade.

> Construir conhecimento é questão de imaginação.

O fruto da imaginação é (dentre outras coisas)
a inovação,
a invenção,
a novidade,
a criação.
Como esses frutos podem ser possíveis onde orquestra-se e cultua-se insaciavelmente a repetição?
É necessário descolar-se um pouco da obstinação do afincamento
para abrir espaço
à imaginação, compondo uma dança alternada entre cultura e inovação, manutenção e mutação.
Esse é um ponto de atenção
para várias práticas universitárias,
dentre elas, o excesso de culto à metodologia científica,
ao engessamento das narrativas e escritas acadêmicas e métodos de pesquisa de manuais.

A imaginação humana pode fertilizar
saídas novas e irrigar novos possíveis nos caminhos da humanidade.
A sua casa é a vida.
Ela está ao alcance de todos e de qualquer um
que curiosa e atenciosamente
intencionalmente dela ocupar-se.

A imaginação é uma das agulhas invisíveis possíveis
para o bordado dos fios na religação dos saberes.

No princípio está a imaginação.

REFERÊNCIAS

ALMEIDA, C. R. S. de. A filosofia como uma das fontes do Pensamento Complexo de Edgar Morin: a importância da dialógica cultural. **Eccos – Rev. Cient.**, São Paulo, n. 38, p. 189-200, set./dez. 2015. Disponível em: https://oaji.net/articles/2017/4613-1492636868.pdf. Acesso em: 7 mar. 2022.

ALMEIDA, M. da C. de. Por uma ciência que sonha. *In*: GALENO, A.; CASTRO, G. de; SILVA, J. C. da (org.). **Complexidade à Flor da Pele**. São Paulo: Cortez, 2003. p. 23-36.

ALMEIDA, M. da C. de. Um itinerário do pensamento de Edgar Morin. **Cadernos IHU Ideias**, Ano 2, n. 18, p. 1-19, 2004. Disponível em: http://www.ihu.unisinos.br/images/stories/cadernos/ideias/018cadernosihuideias.pdf. Acesso em: 19 jan. 2020.

ALMEIDA, M. da C. de. O método 6: ética. **Revista FAMECOS**, Porto Alegre, n. 27, p. 139-143, ago. 2005. Disponível em: https://revistaseletronicas.pucrs.br/ojs/index.php/revistafamecos/article/view/3330. Acesso em: 2 set. 2020.

ALMEIDA, M. da C. de. Complexidade, do casulo à borboleta. *In*: CASTRO, G. de; CARVALHO, E. de A.; ALMEIDA, M. da C. de (org.). **Ensaios de Complexidade**. Porto Alegre: Sulina, 2006. p. 21-41.

ALMEIDA, M. da C. de. Educação como aprendizagem da vida. **Educar**, Curitiba, n. 32, p. 43-55, 2008.

ALMEIDA, M. da C. Método Complexo e desafios da pesquisa. *In*: ALMEIDA, M. da C.; CARVALHO, E. de A. **Cultura e Pensamento Complexo**. Porto Alegre: Sulina, 2012. p. 103-118.

ALMEIDA, M. da C. Como artesão do oitavo dia. *In*: ALMEIDA, M. da C. de. **Ciências da Complexidade e Educação**: razão apaixonada e politização do pensamento. 2. ed. Curitiba: Appris, 2017a. p. 159-179.

ALMEIDA, M. da C. **Saberes para uma cidadania planetária**. 13 out. 2017b. (54m53s). Disponível em: https://www.youtube.com/watch?v=xMe-rQWyIl8. Acesso em: 27 fev. 2021.

ALMEIDA, M. da C. Educação e democracia: os desafios das universidades públicas. **Revista Educação em Questão**, Natal, v. 57, n. 52, p. 1-19, abr./jun. 2019.

ALMEIDA, M. da C. de; FRANÇA, F. T. **Sociologia do presente e método vivo**: desafios da pesquisa científica no mundo atual (parte 1). Vitória da Conquista/BA, 4 de dez. 2020a. 1 vídeo (1:50:14). Disponível em: https://www.youtube.com/watch?v=X-GsTob0umz4&ab. Acesso em: 19 jul. 2021.

ALMEIDA, M. da C. de; FRANÇA, F. T. **Sociologia do presente e método vivo**: desafios da pesquisa científica no mundo atual (parte 2). Vitória da Conquista/BA, 4 de dez. 2020b. 1 vídeo. (1:50:14). Disponível em: https://www.youtube.com/watch?v=X-GsTob0umz4. Acesso em: 19 jul. 2021.

ALMEIDA, M. da C.; FRANÇA, F. T. de. Entre o ceticismo e a esperança: rumores locais e ecos globais na comunicação humana sobre a pandemia. *In*: ALVES, M. D. F; PETRÁGLIA, I.; GUÉRIOS, E. (org.). **Prosa, poesia, saberes e sabedoria em tempos de pandemia**: ciências da educação e complexidade. Maceió: EDUFAL, 2021. p. 117- 123.

ALVES, R. **A gestação do futuro**. 2. ed. Campinas: Papirus, 1987.

ANJOS, J. V. dos. Prefácio. *In*: ANJOS, J. V. dos. **Terapia em forma de carta**. São Paulo: Editora Gente, 1996. p. 11-13.

ARAÚJO, A. F.; BAPTISTA, F. P. (org.) **Variações sobre o imaginário**. Lisboa: Instituto Piaget, 2003.

ARAÚJO, M. T. M. *et al*. Revisão Sistemática da Literatura: estudos sobre o pensamento complexo na educação. **Brazilian Journal of Development**, Curitiba, v. 6, n. 7, p. 47247- 47259, 2020. Disponível em: https://www.brazilianjournals.com/index.php/BRJD/article/viewFile/13265/11148. Acesso em: 31 out. 2021.

ARAÚJO, V. H de. **Prototexto, narrativa poética da ciência**: uma estratégia de construção do conhecimento e religação de saberes no ensino de física. 125 f. Tese (Doutorado em Educação) – Centro de Ciências Sociais e Aplicadas, Universidade Federal do Rio Grande do Norte, Natal, 2009.

ARNAU, J. **Historia de la Imaginación**: del antiguo Egipto al sueño de la Ciencia. España: Espasa, 2020.

ASLANOV, C. **A tradução como manipulação**. São Paulo: Perspectiva: Casa Guilherme de Almeida, 2015.

AZEVEDO, N. S. N.; SCOFANO, R. G. **Introdução aos pensadores do imaginário**. Campinas: Editora Alínea, 2018.

BACHELARD, G. A vocação científica e a alma humana. *In*: BACHELARD, G. *et al*. **O homem perante a ciência**. Mem-Martins, Portugal: Europa-América, 1953. p. 16-34.

BACHELARD, G. **O direito de sonhar**. São Paulo: DIFEL, 1986.

BACHELARD, G. **A terra e os devaneios do repouso**: ensaio sobre as imagens da intimidade. São Paulo: Martins Fontes, 1990.

BACHELARD, G. **A formação do espírito científico**: contribuição para uma psicanálise do conhecimento. Rio de Janeiro: Contraponto, 1996.

BACHELARD, G. **A água e os sonhos**: ensaio sobre a imaginação da matéria. São Paulo: Martins Fontes, 1997.

BACHELARD, G. **A poética do devaneio**. São Paulo: Martins Fontes, 1998.

BALMANT, F. D. R. **Vivências em Atividades Artístico-Expressivas e a construção da identidade**: um estudo com jovens e adultos. Dissertação (Mestrado em Psicologia) – Universidade Federal do Paraná, Curitiba, 2004.

BALMANT, F. D. R.; BULGACOV, Y. L. M. Vivências em atividades artístico expressivas: uma prática voltada para o desenvolvimento humano. **Estudos Interdisciplinares do Desenvolvimento Humano**, Porto Alegre, v. 6. p. 83-102, 2004.

BALMANT, F. D. R.; BULGACOV, Y. L. M. Metamorfoses da identidade: manifestações culturais e artísticas. *In*: CAMARGO, D.; BULGACOV, Y. L. M. **Identidade e emoção**. Curitiba: Travessa dos Editores, 2006a. p.121-133.

BALMANT, F. D. R.; BULGACOV, Y. L. M. Vivências em atividades artísticas e expressivas. *In*: CAMARGO, D.; BULGACOV, Y. L. M. **Identidade e emoção**. Curitiba: Travessa dos Editores, 2006b. p.177-195.

BARCELLOS, G. **Psique e imagem**: estudos de psicologia arquetípica. Petrópolis: Vozes, 2012.

BARROS, E. R. O. de; CAMARGO, R. C. de; ROSA, M. M. Vygotsky e o teatro: descobertas, relações e revelações. **Psicologia em Estudo**, v. 16, n. 2, p. 229-240, 2011.

BARROS, M. **Poesia Completa**. São Paulo: Leya, 2010.

BATTISTELLI, B. M. **Carta-grafias**: entre cuidado, pesquisa e colhimento. 257 f. Dissertação (Mestrado em Psicologia) – Instituto de Psicologia, Universidade Federal do Rio Grande do Sul, Porto Alegre, 2017.

BELO, S. **Pintando sua alma**: método de desenvolvimento da personalidade criativa. Brasília: Editora Universidade de Brasília, 1998.

BOHR, N. **Física atômica e conhecimento humano**: ensaios 1932–1957. Rio de Janeiro: Contraponto, 1995.

BOLANOS, M. J. S. La Teoria Histórico-Cultural y la teoria de Complexidad: convergência de princípios. *In*: GUÉRIOS, E. *et al*. **Complexidade e educação**: diálogos epistemológicos transformadores. Curitiba: Editora CRV, 2017. p. 151-161.

BORTOLANZA, A. M. E.; RINGEL, F. Vigotski e as origens da Teoria Histórico-Cultural: estudo teórico. **Educativa**, v. 19, n. 1, p. 1920-1942, 2016. Disponível em: http://seer.pucgoias.edu.br/index.php/educativa/article/view/5464. Acesso em: 19 fev. 2020.

BUARQUE, C.; LOBO, E. **Ciranda da Bailarina**. 1982. Disponível em: http://www.jobim.org/chico/handle/2010.2/1928. Acesso em: 30 jun. 2019.

BURKE, P. **O Polímata**: uma história cultural de Leonardo da Vinci a Suzan Sontag. São Paulo: Editora Unesp, 2020.

CAMARGO, D.; BULGACOV, Y. L. M. A perspectiva estética e expressiva na escola: articulando conceitos da Psicologia Sócio-Histórica. **Psicologia em Estudo**, Maringá, v. 13, n. 3, p. 467-475, jul./set. 2008.

CAMARGO, D. Prefácio. *In*: DIAS, M. S. de L. (org.). **Introdução às leituras de Lev Vygotski**: debates e atualidades na pesquisa. Porto Alegre, RS: Editora Fi, 2019. p. 9-12.

CARBOGIM, L. F. de S. **Aprendizagem Obscura**: fragmentos arranjados por proposições artísticas. 190 f. Dissertação (Mestrado em Educação) – Programa de Pós-Graduação em Educação, Universidade Federal de Juiz de Fora, Juiz de Fora, 2011.

CARVALHO, E. de A. Edgar Morin, um pensador para o Brasil. **Espiral**: Revista do Instituto de Estudos da Complexidade, Rio de Janeiro, v. 1, p. 26-28, 2017. Disponível em: http://www.iecomplex.com.br/revista2/index.php/espiral/issue/view/1. Acesso em: 16 maio 2019.

CASTORIARDIS, C. **A instituição imaginária da sociedade**. 6. ed. Rio de Janeiro: Paz e Terra, 1982.

CAVALIERE, A.; VÁSSINA, E.; SILVA, N. **Tipologia do simbolismo nas culturas russa e ocidental**. São Paulo: Associação Editorial Humanitas, 2005.

CENTRO DE PESQUISA E FORMAÇÃO SESC SÃO PAULO. **Jornadas Edgar Morin – Conferência de Abertura**. 2019. Disponível em: https://www.youtube.com/watch?v=B7lh7ED26sI&t=1316s&ab_channel=CPFSesc. Acesso em: 7 mar. 2022.

CENTRO DE PESQUISA E FORMAÇÃO SESC SÃO PAULO. **Jornadas Edgar Morin**: a vida em tempos de incertezas e a construção do futuro. Disponível em: https://www.youtube.com/watch?v=471i642uHFY&t=4081s&ab_channel=SescS%-C3%A3oPaulo. Acesso em: 7 mar. 2021.

CICARELLO JUNIOR, I.; CAMARGO, D. Tempo histórico: um importante conceito para compreender a concepção Vygotskiana de desenvolvimento humano. *In*: DIAS, M. S. de L. (org.). **Introdução às Leituras de Lev Vygotski**: debates e atualidades na pesquisa. Porta Alegre, RS: Editora Fi, 2019. p. 83-98.

CLINI, M. M. **A Antropofagia como caminho em interlocuções com as Ciências Humanas**. 1 vídeo (2:12:33). 2 jun. 2021. Disponível em: https://www.youtube.com/watch?v=5n-6Jt6sRDg. Acesso em: 7 nov. 2021.

COELHO, E. P. **Pedagogia da correspondência**: Paulo Freire e a educação por cartas e livros. Brasília: Liber Livros, 2011.

CORBIN, H. L. **Imagination Créatice dans le Soufisme d'Ibn Arabi**. Paris: Flammarion, 1976.

COSTA, A. R. Mecanismos enunciativos: análise das vozes e modalizações em artigos científicos. **Rios-eletrônica**: Revista Científica da FACET, n. 6, p. 28-39, 2012. Disponível em: https://www.fasete.edu.br/revistarios/media/revistas/2012/6/mecanismos_enunciativos.pdf. Acesso em: 6 jan. 2019.

COSTA, E. M. Revolução revisionista nos estudos vigotskianos. **Memorandum**, v. 31, p. 307-312, 2016. Disponível em: https://periodicos.ufmg.br/index.php/memorandum/article/view/6442. Acesso em: 14 mar. 2021.

COSTA, L. B. **Biografema como estratégia biográfica**: escrever uma vida com Nietszche, Deleuze, Barthes, e Henry Miller. 180 f. Tese (Doutorado em Educação) – Programa de Pós-Graduação em Educação, Universidade Federal do Rio Grande do Sul, Porto Alegre, 2010.

COSTA, J. R. de A. da. **A história como testemunho, "eu estava lá"**. 177 f. Tese (Doutorado em Ciências Sociais) – Centro de Ciências Humanas, Letras e Artes, Universidade Federal do Rio Grande do Norte, Natal, 2019.

CROTI, A.; DIAS, C. L. O encontro de Piaget e Vygotsky na casa de Morin. **Colloquium Humanarum**, v. 13, número especial, p. 327-333, jul./dez. 2016.

CYRULNIK, B.; MORIN, E. **Diálogo sobre a natureza humana**. São Paulo: Palas Athena, 2012.

D'AMBROSIO, U. A educação matemática e o estado do mundo: desafios. **Em Aberto**, Brasília, v. 27, n. 91, p. 157-169, jan./jun. 2014.

DACANAL, J. H. **O que é narrar?** E outros ensaios. Porto Alegre: BesouroBox, 2021.

DALMASO, A. C. **Fiandografia**: experimentações entre leitura e escrita numa pesquisa em educação. 99 f. Tese (Doutorado em Educação) – Programa de Pós-Graduação em Educação, Universidade Federal de Santa Maria, Santa Maria, 2016.

DANTAS, E. M.; ALMEIDA, M. da C. Para uma narrativa complexa das ciências, ou a arte de construir conceitos. **Debates em Educação**, v. 12, n. 28, p. 740-747, 2020. Disponível em: https://www.seer.ufal.br/index.php/debateseducacao/article/view/9928. Acesso em: 14 mar. 2021.

DESCARTES, R. **Discurso do Método**. São Paulo: Martins Fontes, 1996.

DÍAZ, B. **O gênero epistolar ou o pensamento nômade**. São Paulo: EDUSP, 2016.

DINIZ, D.; GEBARA, I. **Imaginar** – esperança feminista em 12 verbos, 2020. 1 vídeo (1:24:01). Disponível em: https://www.youtube.com/watch?v=LklIbpPsd0g&t=242s. Acesso em: 21 ago. 2021.

DUARTE, N. **Vigotski e o "aprender a aprender"**: crítica às apropriações neoliberais e pós-modernas da teoria vigotskiana. 5. ed. Campinas, SP: Autores Associados, 2011.

DUARTE JUNIOR, J. F. **O sentido dos sentidos**: a educação (do) sensível. 233 f. Tese (Doutorado em Educação) – Universidade Estadual de Campinas, Campinas, 2000. Disponível em: https://repositorio.unicamp.br/acervo/detalhe/197855. Acesso em: 05 set. 2023.

DURAND, G. **A imaginação simbólica**. Lisboa: Edições 70, 1993.

DURAND, G. **Campos do imaginário**. Lisboa: Instituto Piaget, 1998.

DURAND, G. **O imaginário**: ensaio acerca das ciências e da filosofia da imagem. 3. ed. Rio de Janeiro: Difel, 2004.

DURAND, G. **As estruturas antropológicas do imaginário**: introdução à arquetipologia geral. 4. ed. São Paulo: Editora WMF Martins Fontes, 2012.

ELIADE, M. **Imagens e símbolos**. Lisboa: Artes e Letras/Arcádia, 1979.

ESTÉS, C. P. **O dom da história**: uma fábula sobre o que é suficiente. São Paulo: Rocco, 1998.

FERREIRA-SANTOS, M. **Aproximações ao imaginário**: bússola de investigação poética. 2. ed. São Paulo: FEUSP, 2020.

FITZPATRICK, J. G. **Era uma vez uma família...** Rio de Janeiro: Editora Objetiva, 1998.

FONTES, C. H. L. **Ciência como Montagem, Montagem como Ciência**. 132 f. Dissertação (Mestrado em Ciências Sociais) – Programa de Pós-Graduação em Ciências Sociais, Universidade Federal do Rio Grande do Norte, Natal, 2006.

FRANÇA, F. T.; ALMEIDA, M. da. C. Entre o ceticismo e a esperança: rumores locais e ecos globais na comunicação humana sobre a pandemia. *In*: ALVES, M. D. F.; PETRÁGLIA, I.; GUÉRIOS, E. C. (org.). **Prosa, Poesia, Saberes e Sabedoria em tempos de pandemia**. Maceió: EDUFAL, 2021. p. 117-122.

FRANCELIN. M. Abordagens em epistemologia: Bachelard. Morin, e a epistemologia da complexidade. **Transinformação**, Campinas, v. 17, n. 2, p. 101-109, maio/ago. 2005.

FRITZEN, C.; CABRAL, G. S. (org.). **Infância**: imaginação e educação em debate. São Paulo: Editora Papirus, 2007.

GALLEGOS, M. Uma cartografía de las ideas de la complejidad em América latina: la difusión de Edgar Morin. **Latinoamérica**: Revista de Estudios Latinoamericanos, México, v. 63, p. 93-128, 2016.

GARCIA, V. Interpretando el pensamento complejo: un acercamiento a Lev S. Vygotsky. **Posgrado y Sociedad**, Sam José (Costa Rica), v. 10, n. 1, p. 38-63, mar. 2010. Disponível em: https://revistas.uned.ac.cr/index.php/posgrado/article/view/1874. Acesso em: 28 jul. 2020.

GODOY, L. B. Uma carta... um espaço entre dois. **IDE**, São Paulo, v. 33, n. 50, p. 36-53, jul. 2010.

GOMIDE, B. (org.). **Escritos de outubro**: os intelectuais e a revolução russa. 1917-1924. São Paulo: Boitempo, 2017.

GRAHAM, H. **Imaginação e saúde**. 9. ed. São Paulo: Cultrix, 2000.

HANFMANN, E.; VAKAR, G. Prefácio à tradução inglesa. *In*: VYGOTSKY, L. S. **Pensamento e Linguagem**. 3. ed. São Paulo: Martins Fontes, 1991. p. XIII-XV.

HAROCHE-BOUZINAC, G. **Escritas Epistolares**. São Paulo: EDUSP, 2016.

HILLMAN, J. **Ficções que curam**: psicoterapia e imaginação em Freud, Jung e Adler. Campinas, SP: Verus, 2010.

HILLMAN, J. **Uma investigação sobre a imagem**. Petrópolis, RJ: Vozes, 2018.

IVIC, I. **Lev Semionovich Vygotsky**. Recife: Editora Massangana, 2010.

JEREBTSOV, S. Gomel – a cidade de L. S. Vigotski. Pesquisas Científicas Contemporâneas sobre instrução no âmbito da Teoria Histórico-Cultural de L. S. Vigotski. **Veresk - Cadernos Acadêmicos Internacionais**, UniCEUB, p. 7-27, 2014.

JOHN-STEINER *et al*. Prefácio dos organizadores da obra. *In*: VYGOTSKY, L. S. **A formação social da mente**. São Paulo: Martins Fontes, 1989. p. IX-XI.

JUNG, C. G. **O homem e seus símbolos**. 2. ed. Rio de Janeiro: Nova Fronteira, 2008.

JUNG, C. G. **O Livro Vermelho**: Liber Novus. Petrópolis: Vozes, 2014.

KASPER, H. **O processo de pensamento sistêmico**: um estudo das principais abordagens a partir de um quadro de referência proposto. 291 f. Dissertação (Mestrado em Engenharia de Produção) – Programa de Pós-Graduação em Engenharia de Produção, Universidade Federal do Rio Grande do Sul, Porto Alegre, 2000.

KAST, V. **A imaginação como espaço de liberdade**: diálogos entre o ego e o inconsciente. São Paulo: Loyola, 1997.

KNOBBE, M. M. **Da Compreensão**: novas viagens de Gulliver. 155 p. Tese (Doutorado em Ciências Sociais) – Programa de Pós-Graduação em Ciências Sociais, Universidade Federal do Rio Grande do Norte, Natal, 2007.

KOZULIN, A. **La psicología de Vygotski**: biografía de unas ideas. Madrid: Alianza Editorial, 1994.

LANDOWSKI, E. A carta como Ato de Presença. *In*: LANDOWSKI, E. **Presenças do outro**. São Paulo: Perspectiva, 2012. p. 166-181.

LE MOIGNE, J. L. Prefácio - Uma nova reforma do entendimento: "a inteligência da complexidade". *In*: MORIN, E.; LE MOIGNE, J. L. **A inteligência da complexidade**. São Paulo: Peirópolis, 2000. p. 13-24.

LIMA, G. da S.; RAMOS, J. E. F.; PIASSI, L. P. de C. Ciência, Poesia, Filosofia: diálogos críticos da teoria a sala de aula. **Educação em Revista**, Belo Horizonte, v. 36, p. 1-20, 2020. Disponível em: https://www.scielo.br/scielo.php?script=sci_arttext&pid=S010246982020000100214. Acesso em: 21 ago. 2020.

MACHADO, I. **Redescoberta do *sensorium***: rumos críticos das linguagens interagentes. São Paulo: SENAC, Itaú Cultural, 2001.

MACIEL, S. D. A carta e as memórias. *In*: ARAÚJO, H. H. de (org.). **Cartas de Escritores**: vida literária em epistolografia "modernista". Natal: EDUFRN, 2019. p. 177-197.

MAINARDES, J.; PINO, A. Publicações brasileiras na perspectiva vigotskiana. **Educação & Sociedade**, n. 71, p. 255-269, jul. 2000. Disponível em: https://www.scielo.br/j/es/a/dNCdXFDfT5rrFMXzHPY7X7n/?format=pdf&lang=pt. Acesso em: 3 jul. 2021.

MARIE, J-J. **História da Guerra Civil Russa (1917-1922)**. São Paulo: Contexto, 2017.

MARIOTTI, M. C. *et al*. Criatividade contagiante e arte no processo de ensino-aprendizagem em distanciamento social. *In*: ALVES, M. D. F.; PETRÁGLIA, I.; GUÉRIOS, E. C. (org.). **Prosa, Poesia, Saberes e Sabedoria em tempos de pandemia**. Maceió: EDUFAL, 2021. p. 94-101.

MARTINEZ, A. M. A Teoria da Subjetividade de Gonzalez Rey: uma expressão do paradigma da complexidade na Psicologia. *In*: REY, F. G. (org.). **Subjetividade, Complexidade e Pesquisa em Psicologia**. São Paulo: Pioneira Thomson Learning, 2005. p. 1-25.

MENEZES, O. Como se escreve uma carta. *In*: MENEZES, O. **Cartas e suas histórias**. São Paulo: Marco Zero, 2005. p. 111-112.

MINICK, N. O desenvolvimento do pensamento de Vygotsky: uma introdução a Thinking and Speech. [Pensamento e linguagem]. *In*: DANIELS, H. (ed.). **Uma introdução a Vygotsky**. São Paulo: Loyola, 2002. p. 31-59.

MONTAIGNE, M. de. Da Experiência. *In*: MONTAIGNE, M. de. **Ensaios**. São Paulo: Editora 34, 2016. p. 980-1025.

MORIN, E. **O homem e a morte**. Mem-Martins, Portugal: Europa-América, 1976.

MORIN, E. **O enigma do homem**. 2. ed. Rio de Janeiro: Zahar Editores, 1979.

MORIN, E. **As estrelas**: mito e sedução no cinema. Rio de Janeiro: José Olympio, 1989.

MORIN, E. *Sociología*. Madrid: Editorial Tecnos, S.A., 1995.

MORIN, E. **Os sete saberes necessários à educação do futuro**. São Paulo: Cortez Editora, 2000.

MORIN, E. Da culturanálise à política cultural. **Margem**, São Paulo, n. 16, p. 183-221, dez. 2002.

MORIN, E. **A cabeça bem-feita**: repensar a reforma, reformar o pensamento. 8. ed. Rio de Janeiro: Bertrand Brasil, 2003.

MORIN, E. A inclusão: verdade da literatura. *In*: ROSING, T. M. K.; FALCI, N. M. (org.). **Edgar Morin**: religando fronteiras. Passo Fundo: UPF, 2004. p. 13-20.

MORIN, E. **Amor, poesia, sabedoria**. 7. ed. Rio de Janeiro: Bertrand Brasil, 2005a.

MORIN, E. **Ciência com consciência**. 8. ed. Rio de Janeiro: Bertrand Brasil, 2005b.

MORIN, E. **Um ponto no holograma**: a história de Vidal, meu pai. São Paulo: A Girafa Editora, 2006.

MORIN, E. Os campos estéticos. *In*: MORIN, E. **Cultura de massas no século XX**: neurose. 9. ed. Rio de Janeiro: Forense Universitária, 2009.

MORIN, E. **Em busca dos fundamentos perdidos**: textos sobre o marxismo. 2. ed. Porto Alegre: Sulina, 2010a.

MORIN, E. **Meu caminho**: entrevistas com Djénane Kareh Tager. Rio de Janeiro: Bertrand Brasil, 2010b.

MORIN, E. **O Método 4**: as ideias: habitat, vida, costumes. 6. ed. Porto Alegre: Sulina, 2011a.

MORIN, E. **O Método 6**: ética. 4. ed. Porto Alegre: Sulina, 2011b.

MORIN, E. **O Método 5**: A humanidade da humanidade. 5. ed. Porto Alegre: Sulina, 2012a.

MORIN, E. **Edwige, a inseparável**. Rio de Janeiro: Bertrand Brasil, 2012b.

MORIN, E. **Chorar, amar, rir, compreender**. São Paulo: Edições SESC SP, 2012c.

MORIN, E. **Diário da Califórnia**. São Paulo: Edições SESC SP, 2012d.

MORIN, E. **Um ano sísifo**. São Paulo: Edições SESC SP, 2012e.

MORIN, E. **Meus demônios**. 6. ed. Rio de Janeiro: Bertrand Brasil, 2013.

MORIN, E. **Meus filósofos**. 2. ed. Porto Alegre: Sulina, 2014a.

MORIN, E. **O cinema ou o homem imaginário**: ensaio de Antropologia Sociológica. São Paulo: É Realizações Editora, 2014b.

MORIN, E. **Introdução ao Pensamento Complexo**. 3. ed. Porto Alegre: Sulina, 2015a.

MORIN, E. **Minha Paris**: minha memória. Rio de Janeiro: Bertrand Brasil, 2015b.

MORIN, E. **O Método 2**: a vida da vida. 5. ed. Porto Alegre: Sulina, 2015c.

MORIN, E. **O Método 3**: o conhecimento do conhecimento. 5. ed. Porto Alegre: Sulina, 2015d.

MORIN, E. **Ensinar a viver**: manifesto para mudar a educação. Porto Alegre: Sulina, 2015e.

MORIN, E. **O Método 1**: a natureza da natureza. Porto Alegre: Sulina, 2016.

MORIN, E. **Sobre a estética**. Rio de Janeiro: Pró-Saber, 2017.

MORIN, E. Conferência Edgar Morin: Fórum de estudos do homem e da vida. *In*: ALMEIDA, M. da C. de; REIS, M. K. S.; FRANÇA, F. **Edgar Morin**: Conferências na Cidade do Sol. Natal: EDUFRN, 2018. p. 66-77.

MORIN, E. **Conferência Estética e Arte com Edgar Morin**. São Paulo: SescSP, 18 jun. 2019. Disponível em: https://www.youtube.com/watch?v=qbFLSmzE0iM. Acesso em: 5 set. 2023.

MORIN, E. **A aventura de O Método e Para uma racionalidade aberta**. São Paulo: Edições SESCSP, 2020a.

MORIN, E. Lição sobre a ciência e a medicina. *In*: MORIN, E. **É hora de mudarmos de via**: as lições do coronavírus. Rio de Janeiro: Bertrand Brasil, 2020b. p. 32-34.

MORIN, E. O poder da incerteza: entrevista com Edgar Morin. **Instituto Humanitas Unisinos**, 2 out. 2020c. Entrevista. Disponível em: http://www.ihu.unisinos.br/78-noticias/603398-o-poder-da-incerteza-entrevista-com-edgar-morin. Acesso em: 28 fev. 2021.

MORIN, E.; CIURANA, E.-R.; MOTTA, R. D. O Método. *In*: MORIN, E.; CIURANA, E.-R.; MOTTA, R. D. **Educar na Era Planetária**: o pensamento complexo como Método de aprendizagem no erro e na incerteza humana. São Paulo: Cortez Editora, 2003. p. 17-40.

MORIN, E.; DÍAZ C. J. D. Em busca de rotas criativas: educação, universidade e complexidade. *In*: MORIN, E.; DÍAZ C. J. D. **Reinventar a educação**: abrir caminhos para a metamorfose da humanidade. São Paulo: Palas Athena, 2016. p. 65-100.

MORIN, E.; LE MOIGNE, J. L. **A inteligência da complexidade**. São Paulo: Petrópolis, 2000.

NODARI, A. **Antropofagia. Único sistema capaz de resistir quando acabar no mundo a tinta de escrever.** Texto apresentado do Simpósio Haroldo de Campos. Setembro, São Paulo, 2015.

NOGUEIRA, W. Ciência entra no século da religação dos saberes: entrevista com Edgard de Assis Carvalho a Wilson Nogueira. **SOMANLU**: Revista de Estudos Amazônicos, n. 2, p. 165-175, jul./dez. 2009. Disponível em: http://www.periodicos.ufam.edu.br/index.php/somanlu/article/view/285. Acesso em: 19 jan. 2020.

OLIVEIRA, F. W. de. **Quem não souber**. 2018. Disponível em https://www.youtube.com/watch?v=-U8ZEBylv9c. Acesso em 05 set. 2023.

OLIVEIRA, J. M. S.; ALMEIDA, R. de; SIERRA, G. D. (org.). **Imaginários Tecnocientíficos**. v. 1. São Paulo: FEUSP, 2020.

OLIVEIRA, J. S. de; DANTAS, E. M.; FRANÇA, F. T. de. **Fronteiras Borradas**: em torno das ciências da vida. Natal: 8 editora, 2019.

OLIVEIRA, L. G. dos S. de. **Notícias do oco do mundo**: cartas para uma antropolítica da educação. 221 f. Tese (Doutorado em Educação) – Programa de Pós-Graduação em Educação, Universidade Federal do Rio Grande do Norte, Natal, 2019.

OLIVEIRA, M. E. de. **Aprender enquanto travessia**: entre banalidades e formações matemáticas e línguas e peles e escritas... uma vida. 216 f. Tese (Doutorado em Educação) – Programa de Pós-Graduação em Educação, Universidade Federal de Juiz de Fora, Juiz de Fora, 2018.

PAIXÃO, L. A. G. **Entre delírios e contos**: (docês?) composições em aberturas de possíveis em educações. 94 f. Dissertação (Mestrado em Educação) – Programa de Pós-Graduação em Educação, Universidade Federal de Juiz de Fora, Juiz de Fora, 2019.

PAKMAN, M. (org.). **Las semillas de la cibernética**: obras escogidas. Barcelona: Gedisa Editorial, 1991.

PARTIMPIM, A. **Ciranda da Bailarina**. Disponível em: https://www.youtube.com/watch?v=huyhO3IPRtk. Acesso em: 30 jun. 2019.

PAZ, O. **O arco e a lira**. São Paulo: Cosac Naify, 2012.

PETRÁGLIA, I. Educação e Complexidade: desafios e possibilidades no ensinar e aprender a viver. *In*: ENCUENTRO INTERNACIONAL FORUM PAULO FREIRE, 5., Valência, Espanha. 12 a 15 de setembro 2006. Disponível em: http://acervo.paulofreire.org:8080/jspui/handle/7891/4038. Acesso em: 25 fev. 2022.

PETRÁGLIA, I. Educação e complexidade pós-pandemia. *In*: VELAZCO, J. M. G. *et al*. **100 años Edgar Morin** – Humanista Planetário. Bolívia: [s.n.] 2021. p. 118-124.

PETRÁGLIA, I. Enfrentando las incertidumbres. *In*: CARRIZO, L. (ed.). **Posibels aún invisibles**: Edgar Morin y el realism de la utopia: los sete saberes la Agenda 2030. UNESCO: 2021b. p. 99-103. Disponível em: https://unesdoc.unesco.org/ark:/48223/pf0000377795. Acesso em: 28 fev. 2022.

PETRÁGLIA, I.; ARONE, M. Autoformação. *In*: ARNT, R.; SCHERRE, P. (org.). **Dicionário [livro eletrônico]**: rumo à civilização da religação e ao bem viver. Fortaleza, CE: Editora UECE, 2021. p. 38-41. Disponível em: https://www.uece.br/eduece/wp-content/uploads/sites/88/2021/12/Dicion%C3%A1rio-rumo-%C3%A0-civiliza%C3%A7%C3%A3o-da-religa%C3%A7%C3%A3o-e-ao-bem-viver-Vers%C3%A3oFinal.pdf. Acesso em: 5 set. 2023.

PETRÁGLIA, I.; COSTA, L. A importância das artes na educação. **Revista Plurais – Virtual**, v. 7, n. 2, p. 238-256, jul.-dez. 2017. Disponível em: https://www.revista.ueg.br/index.php/revistapluraisvirtual/article/view/8099. Acesso em: 27 fev. 2022.

PETRÁGLIA, I.; DIAS, E. T. dal M.; ALMEIDA, C. Educação e transformação da realidade planetária: esperança e utopia. **Olhar de Professor**, Ponta Grossa, v. 23, p. 1-14, 2020. Disponível em: https://revistas.uepg.br/index.php/olhardeprofessor/article/view/16831. Acesso em: 28 fev. 2022.

PETRÁGLIA, I.; SENA, M. A educação do futuro e o futuro da educação em tempos de pandemia. **Humanidades & Inovação**, v. 8, n. 43, p. 21-32, 2021a. Disponível em: https://revista.unitins.br/index.php/humanidadeseinovacao/article/view/5871. Acesso em: 28 fev. 2022.

PETRÁGLIA, I.; SENA, M. Pensamento do Sul. *In*: ARNT, R.; SCHERRE, P. (org.). **Dicionário [livro eletrônico]**: rumo à civilização da religação e ao bem viver. Fortaleza, CE: Editora UECE, 2021b. p. 99-101. Disponível em: https://www.uece.br/eduece/wp-content/uploads/sites/88/2021/12/Dicion%C3%A1rio-rumo-%C3%A0-civiliza%C3%A7%C3%A3o-da-religa%C3%A7%C3%A3o-e-ao-bem-viver-Vers%C3%A3oFinal.pdf. Acesso em: 5 set. 2023.

PETRÁGLIA, I.; SENA, M. Política de Civilização. *In*: ARNT, R.; SCHERRE, P. (org.). **Dicionário [livro eletrônico]**: rumo à civilização da religação e ao bem viver. Fortaleza, CE: Editora UECE, 2021c. p. 111-113. Disponível em: https://www.uece.br/eduece/wp-content/uploads/sites/88/2021/12/Dicion%C3%A1rio-rumo-%C3%A0-civiliza%C3%A7%C3%A3o-da-religa%C3%A7%C3%A3o-e-ao-bem-viver-Vers%C3%A3oFinal.pdf. Acesso em: 5 set. 2023.

PIPES, R. **História concisa da Revolução Russa**. 5. ed. Rio de Janeiro: BestBolso, 2017.

PORTO, M. **Imaginação**: reinventando a cultura. São Paulo: Pólen, 2019.

PRESTES, Z. Guita Lvovina Vigodskaia (1925 – 2010), Filha de Vigotski: entrevista. **Cadernos de Pesquisa**, v. 40, n. 141, p. 1025-1033, set./dez. 2010.

PRESTES, Z. 80 anos sem Lev Semionovitch Vigotski e a arqueologia de sua obra. **Revista Eletrônica de Educação**, v. 8, n. 3, p. 5-14, 2014.

PRESTES, Z.; TUNES, E. Notas biográficas e bibliográficas sobre L. S. Vigotski. *Universitas:* **Ciências da Saúde**, v. 9, n. 1, p. 5-14, 2011. Disponível em: https://www.publicacoesacademicas.uniceub.br/cienciasaude/article/view/7. Acesso em: 19 fev. 2020.

PRESTES, Z.; TUNES, E. A trajetória das obras de Vigotski: um longo percurso até os originais. **Estudos de Psicologia**, Campinas, v. 29, n. 3, p. 327-340, jul./set. 2012. Disponível em: https://www.scielo.br/pdf/estpsi/v29n3/03.pdf. Acesso em: 14 mar. 2021.

PRESTES, Z.; TUNES, E. Traduzir Vigotski. *In*: VIGOTSKI, L. S. **Imaginação e Criação na infância**. São Paulo: Expressão Popular, 2018. p. 7-11.

PRIGOGINE, I.

PRIGOGINE, I. Carta as futuras gerações. *In*: CARVALHO, Edgar de Assis; ALMEIDA, Maria da Conceição de. **Ciência, Razão e Paixão**. 2. ed. São Paulo: Editora Livraria da Física, 2009. p. 11-18.

PRIGOGINE, I. Ciência, Razão e Paixão. *In*: CARVALHO, Edgar de Assis; ALMEIDA, Maria da Conceição de. **Ciência, Razão e Paixão**. 2. ed. São Paulo: Editora Livraria da Física, 2009. p. 85-100.

QUINTANA, M. **O segundo olhar**: antologia. Rio de Janeiro: Alfaguara, 2018.

REY, F. G. O enfoque Histórico-Cultural e seu sentido para a psicologia clínica: uma reflexão. *In*: BOCK, A. M. B.; GONÇALVES, M. da G. M.; FURTADO, O. **Psicologia Sócio-Histórica**: uma perspectiva crítica em psicologia. 2. ed. São Paulo: Cortez, 2002a. p. 193-214.

REY, F. G. **Pesquisa Qualitativa em Psicologia**: caminhos e desafios. São Paulo: Pioneira Thomson Learning, 2002b.

REY, F. G. **Sujeito e Subjetividade**: uma aproximação histórico-cultural. São Paulo: Thomson Learning, 2003.

REY, F. G. A re-examination of defining moments in Vygotsky's work and their implications for his continuing legacy. **Mind, Culture and Activity**, n. 18, p. 257-275, 2011. Disponível em: https://www.fernandogonzalezrey.com/images/PDFs/producao_biblio/fernando/artigos/Psicologia_historico_Cultural/A_Re_exmination_of_Defining.pdf. Acesso em: 8 nov. 2021.

REY, F. G. **O pensamento de Vygotsky**: contradições desdobramentos e desenvolvimento. São Paulo: HUCITEC, 2012.

REY, F. G. **Vygotsky e a Revolução Russa**. 2017. 1 vídeo (2:06:25). Disponível em: https://www.youtube.com/watch?v=tYECieBtz8A&t=12s. Acesso em: 9 out. 2021.

REY, F. G. Vygotsky's "The Psychology of Art": A foundational and still unexplored text. **Estudos de Psicologia**, Campinas, v. 35, n. 4, p. 339-350, 2018.

RIBETTO, A. **Experimentar a pesquisa em educação e ensaiar a sua escrita**. 131 f. Tese (Doutorado em Educação) – Centro de estudos sociais aplicados, Faculdade de Educação, Universidade Federal Fluminense, Niterói, 2009.

RODRIGUES, C. G. **Por uma Pop'escrita acadêmica educacional**. 180 f. Tese (Doutorado em Educação) – Programa de Pós-Graduação em Educação, Faculdade de Educação, Universidade Federal do Rio Grande do Sul, Porto Alegre, 2006.

RODRIGUES, L. G. Afinal, a quem pertence uma carta? **Letrônica**, Porto Alegre, v. 8, n. 1, p. 222-231, jan./jun. 2015.

RODRIGUES, M. L. Pretexto – Derivações sobre Marxismo. In: MORIN, E. **Em busca dos fundamentos perdidos**: textos sobre o marxismo. 2. ed. Porto Alegre: Sulina, 2010.

ROLDÃO, F. D.; SÁ, R. A. de; CAMARGO, D. Sobre a estética: a sensibilidade na vida segundo o pensamento de Edgar Morin. **Saberes Plurais Educação na Saúde**. v.7, n.1, p.e129463, 2003. DOI: 10.54909/sp.v7i1.129463. Disponível em: https://seer.ufrgs.br/index.php/saberesplurais/article/view/129463. Acesso em: 10 out. 2023.

ROLDÃO, F. D. *et al*. Reflexões sobre o trabalho do professor universitário: um olhar a partir da teoria de Vigotski. *In*: FARIA, P. M. F.; CAMARGO, D.; LOPES, A. C. (org.). **Vigotski no Ensino Superior**: concepção e práticas de inclusão. Porto Alegre, RS: Editora Fi, 2020. p. 41-60.

ROLDÃO, F. D.; CAMARGO, D.; DIAS, M. S. de L. A vida e a obra entrelaçadas: discussões sobre o contexto histórico de Vygotski. *In*: DIAS, M. S. de L. (org.). **Introdução às leituras de Lev Vygotski**: debates e atualidades na pesquisa. Porto Alegre: Editora Fi, 2019. p. 17-48.

ROLDÃO, F. D.; SÁ, R. A. Reflexões sobre o amor na vida e obra de Edgar Morin. **Educação e Linguagem**, v. 23, n. 1, p. 177-195, jan.-jun. 2020. Disponível em: https://www.metodista.br/revistas/revistas-ims/index.php/EL/article/view/10752. Acesso em: 9 dez. 2020.

RUIZ, C. M. M. B. **Os paradoxos do imaginário**. São Leopoldo: Editora Unisinos, 2003.

SÁ, R. A. Contribuições teórico-metodológicas do Pensamento Complexo para a construção de uma Pedagogia Complexa. *In*: SÁ, R. A.; BEHRENS, M. A. **Teoria da Complexidade**: contribuições epistemológicas e metodológicas para uma Pedagogia Complexa. Curitiba: Appris Editora, 2019. p. 17-63.

SÁ, R. A.; MASSUCHETTO, T. P. Apontamentos pedagógicos da autoética moraniana para a prática do pedagogo. *In*: ALVES, M. D. F.; PETRÁGLIA, I.; GUÉRIOS, E. C. (org.). **Prosa, Poesia, Saberes e Sabedoria em tempos de pandemia**. Maceió: EDUFAL, 2021. p. 171-177.

SARTRE, J. P. **A imaginação**. Porto Alegre: L&PM, 2008.

SAINT-EXUPÉRY, A. de. **O pequeno príncipe** [livro eletrônico]. São Paulo: Paulus, 2016.

SCHUMAN, S. G. **A fonte da imaginação**: libertando o poder da criatividade. São Paulo: Siciliano, 1994.

SCHWARZ, J. C.; CAMARGO, D.; DIAS, M. S. de L.; Dificuldades encontradas por estudantes no ensino superior e práticas institucionais adotadas para superá-las: uma revisão de literatura. **Quaestio**, Sorocaba, São Paulo, v. 23, n. 3, p. 741-761, set./dez. 2021.

SENNA, L. A. G. De Vygotsky a Morin: entre dois fundamentos da educação inclusiva. **Informativo Técnico Científico Espaço INES**, n. 22, p. 53-58, jul./dez. 2004.

SERRES, M. **Júlio Verne**: a ciência e o homem contemporâneo. Rio de Janeiro: Bertrand Brasil, 2007.

SERRES, M. **Polegarzinha.** Rio de Janeiro: Bertrand Brasil, 2013.

SILVA, J. L. E. da. **Cartografemas**: fragmentos autobiográficos de um artista-professor. 126 f. Dissertação (Mestrado em Educação) – Programa de Pós-Graduação em Educação, Universidade Federal do Pará, Belém, 2009.

SILVEIRA, N. **Cartas a Spinoza**. Rio de Janeiro: Francisco Alves, 1995.

SILVEIRA, N. da. **O mundo das imagens**. 2. ed. São Paulo: Ática, 2001.

SOBKIN, V. As resenhas teatrais de L. S. Vigotski como início da concepção histórico-cultural. **Veresk**: Cadernos Acadêmicos Internacionais. Estudos sobre a perspectiva de Vigotski. Brasília: UniCEUB, 2017, p. 7-34.

SOUZA, J. A. M. Recuperando a dialética no materialismo histórico de Vigotski. **Psicologia & Sociedade**, v. 28, n. 1, p. 35-44, 2016. Disponível em: https://www.scielo.br/scielo.php?pid=S010271822016000100035&script=sci_abstract&tlng=pt. Acesso em: 14 mar. 2021.

STENGERS, I. **No tempo das catástrofes**. São Paulo: Cosac Naify, 2015.

TEIXEIRA, M. C. S. Educação e imaginário: introdução a uma filosofia do imaginário educacional. *In*: WUNENBURGER, J. J. **Educação e imaginário**: introdução a uma filosofia do imaginário educacional. São Paulo: Cortez, 2006. p. 7-10.

THOMAZ, S. B. **Imaginário, educação e cultura da escola**. Rio de Janeiro: Editora Rovelle, 2009.

TOASSA, G. Nem tudo o que reluz é Marx: críticas stalinistas a Vigotski no âmbito da ciência soviética. **Psicologia USP**, v. 27, n. 3, p. 553-563, 2016. Disponível em: https://www.scielo.br/j/pusp/a/xqtj97v4yTqvGHDw7m5MVBv/?format=pdf&lang=pt. Acesso em: 7 mar. 2022.

TRAJETÓRIA de Fernando González Rey. Disponível em: https://www.fernandogonzalezrey.com/index.php/trajetoria-academica. Acesso em: 5 set. 2023.

TULESKI, S. C. **Vygotski**: a construção de uma psicologia marxista. 2. ed. Maringá: EDUEM, 2008.

VAN DER VEER, R.; VALSINER, J. **Vygotsky**: uma síntese. 7. ed. São Paulo: Edições Loyola, 2014.

VAN DER VEER, R. Vygotsky's Legacy: understanding and beyond. **Integrative Psychological and Behavioral Science**, n. 55, p. 789-796, 2021. Disponível em: https://link.springer.com/article/10.1007/s12124-021-09652-6. Acesso em: 14 nov. 2021.

VASCONCELOS, A. C. B. **Cartografia de afetos**: educação, ambiente e fotografias num baile em sentidos biodiversos. 137 f. Dissertação (Mestrado em Processos Socioeducativos e Práticas Escolares) – Universidade Federal de São João del Rey, São João del Rey, 2016.

VEIGA, A. L. V. S. da. **Fiar a escrita**: políticas de narratividade – exercícios e experimentações entre arte manual e escrita acadêmica. Um modo de existir em educações inspirado em uma antroposofia da imanência. 552 f. Tese (Doutorado em Educação) – Programa de Pós-Graduação em Educação, Universidade Federal de Juiz de Fora, Juiz de Fora, 2015. Disponível em: https://repositorio.ufjf.br/jspui/handle/ufjf/5465 Acesso em: 5 set. 2023.

VERESOV, N. N. Marxist and non-Marxist Aspects of the Cultural-Historical Psychology of L. S. Vygotsky. **Outliness**, v. 7, n. 1, p. 31-49, 2005. Disponível em: https://tidsskrift.dk/outlines/article/view/2110. Acesso em: 10 maio 2020.

VIGOTSKI, L. S. O significado histórico da crise da psicologia: uma investigação metodológica. *In*: VIGOTSKI, L. S. **Teoria e Método em Psicologia**. São Paulo: Martins Fontes, 1999a. p. 203-423.

VIGOTSKI, L. S. [1925]. **Psicologia da Arte**. São Paulo: Martins Fontes, 1999b.

VIGOTSKI, L. S. Sobre o problema da psicologia do trabalho criativo do ator. **The collected works of L. S. Vygotsky**. Tradução de A. Delari Júnior. New York; Boston; Dordrecht; London; Moscow: Kluwer Academic/Plenum Publishers, 1999c.

VIGOTSKI, L. S. [1916]. **A tragédia de Hamlet príncipe da Dinamarca**. São Paulo: Martins Fontes, 1999d.

VIGOTSKI, L. S. Manuscrito de 1929. **Educ. Soc.**, Campinas, v. 21, n. 71, p. 21-44, jul. 2000. Disponível em: http://www.scielo.br/scielo.php?script=sci_arttext&pid=S0101733020000000200002&lng=en&nrm=iso. Acesso em: 15 dez. 2020.

VIGOTSKI, L. S. A educação estética. *In*: VIGOTSKI, L. S. **Psicologia Pedagógica**. São Paulo: Martins Fontes, 2001.

VIGOTSKI, L. S. **Pensamento e linguagem**. 4. ed. São Paulo: Martins Fontes, 2008.

VIGOTSKI, L. S. [1930]. **Imaginação e criação na infância**: ensaio psicológico: livro para professores. Apresentação e comentários Ana Luiza Smolka. Tradução de Z. Prestes. São Paulo: Ática, 2009.

VIGOTSKI, L. S. [1982]. Pensamiento y Lenguaje. *In*: VIGOTSKI, L. S. **Obras Escogidas II**: Problemas de Psicologia Geral. Madrid: Machado Grupo de Distribuição, 2013.

VIGOTSKI, L. S. [1930]. **Imaginação e criação na infância**. Tradução de Zoia Prestes e Elizabeth Tunes. São Paulo: Expressão Popular, 2018.

VIGOTSKY, L. S. [1930]. **Imaginación y creación em la edad infantil**. 2. ed. Habana: Editorial Pueblo y Educación, 1999. Disponível em: https://proletarios.org/books/Vigotsky-Imaginacion_y_Creatividad_En_La_Infancia.pdf. Acesso em: 10 mar. 2021.

VYGOTSKI, L. S. Las emociones y su desarrollo en la edad infantil. *In*: VYGOTSKI, L. S. **Obras Escogidas**. Tomo II. Problemas Psicología general. Tradução de José Maria Bravo. 2. ed. Madrid: A. Machado Libros, 2001.

VYGOTSKI, L. S. Imaginación y creatividad del adolescente. *In*: VYGOTSKI, L. S. **Obras Escogidas**. Tomo IV. Psicología Infantil. Tradução de Lydia Kuper. 2. ed. Madrid: A. Machado Libros, 2006.

VYGOTSKI, L. S. El significado histórico de la crisis de la psicologia. Uma investigación metodologica. *In*: VYGOTSKI, L. S. **Obras Escogidas**. Tomo I. Madrid: Machado Grupo de Distribución S. L., 2013. p. 257-407.

VYGOTSKY, L. S. **A formação social da mente**. 3. ed. São Paulo: Martins Fontes, 1989.

VYGOTSKY, L. S. **Pensamento e Linguagem**. 3. ed. São Paulo: Martins Fontes, 1991.

VYGOTSKY, L. S. [1932]. La imaginación y su desarrollo en la edad infantil. *In*: VYGOTSKI, L. S. **Obras Escogidas**. Tomo II. Problemas Psicología general. Tradução de José Maria Bravo. 2. ed. Madrid: A. Machado Libros, 2001.

VYGOTSKY, L. S. **Imaginação e criatividade na infância**. São Paulo: Editora Martins Fontes, 2014.

WEDEKIN, L. M.; ZANELLA, A. V. Arte e vida em Vygotski e o modernismo russo. **Psicologia em Estudo**, v. 18, n. 4, p. 689-699, 2013. Disponível em: https://doi.org/10.1590/S1413-73722013000400011. Acesso em: 14 jun. 2020.

WUNENBURGER, J. J. **O imaginário**. São Paulo: Loyola, 2007.

WUNENBURGER, J. J. **Antropología del imaginário**. Buenos Aires: Del Sol, 2008.

WUNENBURGER, J. J.; ARAÚJO, A. F. **Educação e imaginário**: introdução a uma filosofia do imaginário educacional. São Paulo: Cortez, 2006.

YASNITSKY, A.; VAN DER VEER, R. Translating Vygotsky: some problems of transnational Vygotskian science. *In*: **Revisionist Revolution in Vygotsky studies**. London & New York: Routledge, 2016. p. 143-174.

YASNITSKY, A. Vigotski, Lev. Tradução de Gisele Toassa. **Obutchénie**, v. 1, n. 2, p. 459-467, 2017.

ZANELLA, A. V. Aproximaciones a la Temática de la Constitución del sujeito em Vigotski y E. Morin. **Psykhe**, v. 9, n. 2, p. 75-81, 2000.

ZANELLA, A. V. As teorias de Vygotski e Morin: algumas aproximações. **Revista do Departamento de Psicologia – UFF**, v. 12, n. 2, p. 63-76, 2003.

ZANELLA, A. V. Atividade, significação e constituição do sujeito: considerações à luz da Psicologia Histórico-Cultural. **Psicologia em Estudo**, v. 9, n. 1, p. 127-135, 2004. Disponível em: https://www.scielo.br/pdf/pe/v9n1/v9n1a16.pdf. Acesso em: 16 mar. 2021.

ZANI, R. Intertextualidade: considerações em torno do dialogismo. **Em Questão**, Porto Alegre, v. 9, n. 1, p. 121-132, jan./jun. 2003. Disponível em: https://seer.ufrgs.br/EmQuestao/article/view/65. Acesso em: 7 jan. 2019.